Dᴿ CH. THOMAS-CARAMAN

La Petite Bible

des

Jeunes Époux

NOUVELLE ÉDITION

Illustrations de P. AVRIL
Gravure de DESMOULINS

L'amour n'est qu'un épisode dans la
vie de l'homme. Il est toute l'existence
dans la vie de la femme.

PARIS
Eʀɴᴇsᴛ FLAMMARION, Éᴅɪᴛᴇᴜʀ
26, rue Racine, 26

LA
PETITE BIBLE

DES JEUNES ÉPOUX

Dr Ch. THOMAS-CARAMAN

LA
PETITE BIBLE
DES JEUNES ÉPOUX

ILLUSTRATIONS de P. AVRIL
Gravures de DESMOULINS

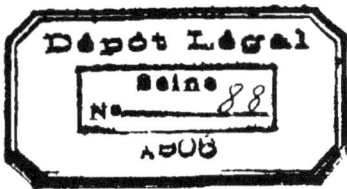

PARIS

ERNEST FLAMMARION, ÉDITEUR

26, Rue Racine, 26

—

PRÉFACE

Dans ma carrière médicale, j'ai eu lieu de faire bien souvent d'amères réflexions sur le bonheur conjugal. Comme tout médecin digne de ce nom, j'ai été, quoique jeune encore, le dépositaire de petits secrets, de ces mille riens en apparence qui ont souvent, pour l'avenir d'un ménage, des conséquences importantes. C'est le fruit de mes pensées reposant sur l'ensemble de connaissances pratiques que je me propose d'offrir au lecteur.

Il est sérieusement à désirer que certaines notions exactes sur l'œuvre de chair soient connues du candidat à l'hymen bien avant qu'il accomplisse l'acte solennel.

La plupart du temps, il n'apporte à la couche nuptiale que l'ivresse de ses désirs avec la volonté de leur donner satisfaction pleine et entière.

Il ne connaît généralement des plaisirs de l'amour que ceux que procurent les Phrynés de l'asphalte et des maisons de tolérance.

Eh quoi! celui qui est appelé à servir de tuteur et de guide à un jeune être frêle et délicat, plein d'ignorance et de passion inconsciente, celui qui va ouvrir et parcourir avec cette jeune fille le livre de l'amour, opérer dans son être une métamorphose radicale dont le souvenir la suivra toujours, cet homme qui bientôt déchirera en elle le voile de l'inconnu, la fera naître à une vie nouvelle, ne saura trouver dans son cœur, dans ses regards, dans ses paroles, dans son maintien et la délicatesse de ses procédés rien qui puisse adoucir l'amertume de cette courte, mais pénible et douloureuse période de transition !

Ne doit-ce pas être cependant le rôle du jeune époux, ordinairement plus âgé, plus expérimenté, qui le plus souvent a perdu la

fleur de son innocence dans le commerce de
ces femmes qui ont l'habitude de recevoir les
premiers effluves de notre cœur et de nos
sens!

Et quel plus beau rôle!

Mais, me dira-t-on, quel sera le professeur
du futur mari? Qu'il reçoive au collège les
notions les plus essentielles de l'hygiène, rien
de mieux. Il en tirera grand profit et pourra,
s'il les observe, s'éviter quelquefois de graves
maladies.

Autre chose cependant est d'enseigner au
lycéen la physiologie du mariage.

Certes, on peut affirmer qu'un pareil cours
aurait un grand succès dans tous les établis-
sements d'instruction. Il viendrait, à point
nommé, rompre la monotonie des études clas-
siques dont on ne sait que plus tard, malheu-
reusement, apprécier tous les avantages.

A ces sages objections, je répondrai : Un
bon petit livre suffira.

Donc, il est nécessaire, à tous les points de
vue, que par la lecture d'un livre honnête,
explicite, court et vrai, un futur mari possède

les premiers éléments de cette branche de la physiologie et de la psychologie appliquées.

J'ai lu tous les livres dans lesquels on a essayé d'aborder ces questions. Les uns sont trop scientifiques, les autres (qu'on me passe le mot) trop orduriers. Ces derniers semblent avoir été composés dans le seul but de piquer la curiosité malsaine de lecteurs blasés ou ignorants, lesquels se font un malin plaisir de colporter chez eux ou chez leurs amis les récits excentriques, pleins de luxure, qui seuls ont frappé leur débile imagination.

Je ne connais guère qu'un livre où l'auteur ait traité le sujet avec toute la dignité, l'attachement, voire même la saine passion qu'il comporte. Mais si, dans l'œuvre en question, la prose revêt la forme d'une poésie enchanteresse, il n'en est pas moins vrai que le côté sérieux et pratique disparaît dans les fioritures et les arabesques d'un style trop imagé.

C'est ce côté pratique que je vais essayer de mettre en relief, en faisant tous mes efforts pour conserver dans l'examen de ces délicates questions la décence de style qui convient.

Toutefois, il est facile de comprendre qu'il me sera souvent impossible, si je veux atteindre le but annoncé, de ne pas pas appeler un peu les choses par leur nom. La science, comme l'art proprement dit, ne saurait s'accommoder des artifices de langage. La contemplation d'une statue dans toute la splendeur de sa nudité excite, d'un avis unanime, beaucoup moins les sens que la vue d'une beauté savamment drapée et habillée qui montre, de ses appas, juste ce qu'il faut pour enflammer l'imagination. Au surplus, écrivant sur les rapports conjugaux de l'homme et de la femme, ce serait le comble de la folie et le meilleur moyen de faire fausse route que de vouloir traiter un tel sujet en employant les mêmes finesses de style que s'il s'agissait de composer un long et assommant ouvrage sur l'infaillibilité du pape.

A l'inverse de mes prédécesseurs, je commencerai cette étude au moment où les deux époux vont pour la première fois se trouver réunis dans l'intimité la plus complète.

Je parlerai ensuite de la conception, de la

fécondation. Dans un chapitre suivant, je traiterai de l'hygiène morale et physique de la grossesse au point de vue exclusif des rapports sexuels. De même pour l'avortement.

J'aborderai ensuite, toujours dans le même ordre d'idées, la période consécutive à l'accouchement.

Dans un autre chapitre, je relaterai les accidents (folie érotique) qui peuvent précéder, accompagner ou suivre la ménopause (*âge critique*, cessation, pour la femme, de la vie de reproduction).

Enfin, je terminerai par un court aperçu sur l'onanisme conjugal, et les rapports sexuels des époux arrivés à un certain âge, etc.

Je n'ai rien à ajouter à cette préface, rien à retrancher de ces prolégomènes.

Cette nouvelle édition est augmentée, complétée par des considérations :

1° Sur la propreté de l'enfant, le bain, l'ignorance et la routine des mères à ce sujet ;

2° Sur la dentition et les maladies reflexes, protéiformes, qu'elle cause si souvent ;

3° Sur la folie transitoire après l'accouchement ;

4° Sur la folie utérine dans les maladies de la matrice et ses annexes ;

5° Sur les causes de la dépopulation et les moyens radicaux d'y remédier ;

6° Sur les causes principales de la mortalité des enfants au premier âge. Il ne suffit pas de procréer, il faut conserver ;

7° Sur « *La Levantine* », médicament-aliment importé récemment en France par un explorateur de l'Extrême-Orient;

8° Sur « *Le Secret des Orientales* », aliment spécial destiné à splendidifier (néologisme expressif) la beauté des seins des élégantes et à les développer chez les femmes envers lesquelles la nature a été trop avare de ces charmes enchanteurs.

LA PETITE BIBLE

DES JEUNES ÉPOUX

LA NUIT DE NOCES

Iᴌ est deux heures du matin. Le bal est encore dans toute sa splendeur. Les jeunes compagnes de la mariée nouent leurs premières intrigues et se penchent nonchalamment, sous l'œil de leurs mères, sur le bras de leurs cavaliers.

Tout à coup, un léger murmure, un chuchotement se fait entendre. La reine de la fête a disparu.

Lui est encore là, cherchant par un entrain factice à tromper l'ennui de l'attente.

Elle arrive, en compagnie de sa mère, dans la chambre nuptiale, resplendissante de fraîcheur et de coquetterie.

La mère l'aide, pour la dernière fois, à sa toilette de nuit.

Tournons un instant la tête.

Elle est couchée. Sur un meuble, la chaste couronne de fleurs d'oranger, doux souvenir dans les jours de douleur. Plus loin, sur un fauteuil, toute la belle toilette de la mariée, disposée avec art et reposant sur les bottines de satin blanc.

Dans le fond, un nid de mousseline et de dentelle, sous les flots de laquelle se cache une charmante jeune fille dont le frais visage montre des yeux légèrement voilés par la fatigue et le désir de l'inconnu. Sa tête doucement repose sur le léger duvet d'un splendide oreiller. A côté, un second oreiller attend une autre tête.

Sa mère est toujours là, ayant peine à contenir ses larmes. Adieu ses rêves!

Demain, une barrière infranchissable
se sera élevée entre elle et son enfant.

Sera-t-elle heureuse dans l'avenir?
Elle ne peut se résoudre à quitter sa fille,

Le moindre bruit, le moindre craquement, la font frissonner. Encore quelques minutes. Autour de son cou sont jetés, charmant collier, les deux bras de son ange. Entre mille baisers, elle lui répète à chaque instant ses dernières recommandations.

Tout à coup, le parquet gémit. C'est lui!! Encore un dernier baiser, et la pauvre mère s'en va le cœur bien triste et bien gros.

Elle s'est vite blottie dans la ruelle, l'œil demi fermé. Mais aux mouvements saccadés des couvertures, à sa respiration inégale, entrecoupée, à son cœur qui bat à rompre sa poitrine, on comprend quelle doit être son émotion.

Une douce clarté règne dans l'appartement.

Il a ouvert la porte d'une main timide et tremblante comme celle d'un voleur. Il arrive doucement au milieu de la chambre, cherchant à assourdir encore le bruit de ses pas sur le moelleux tapis.

Il la croit endormie.

Arrêtons-nous ici, Lecteur. quelques instants.

J'ai toujours présente à la mémoire l'histoire si commune d'une jeune femme tombée de chute en chute, d'amant en amant.

« Le jour de mon mariage, disait-elle, j'aimais mon mari; le lendemain, je l'avais en horreur. Dès la première nuit, il foula aux pieds tout sentiment de pudeur. Il me traita comme la dernière de ses anciennes catins. Ne prenant en pitié ni jeunesse, ni innocence, ni douleur, il ne mit bas les armes qu'après avoir satisfait sa brutale passion. Il me fit peur et grand mal en même temps. Je n'ai jamais pu lui pardonner. »

Une autre, fort belle, d'une grande richesse de formes, racontait que, la première nuit, son chaste époux s'arrangea de manière à la voir vêtue d'air et de lumière. Il trouvait dans cette contemplation un nouvel et puissant excitant à ses désirs.

Elle se vengea en lui donnant bientôt plusieurs concurrents.

J'ai souvent entendu dire par une vieille et honnête dame de grand sens que, de nos jours, on ne respectait plus les femmes.

« Quelles mœurs avez-vous donc maintenant? Vous avez tellement hâte de jouir de
toutes vos privautés que vous traitez nos
filles comme des places à emporter d'assaut.
Attendez donc un peu qu'on vous en livre
avec plaisir toutes les clefs. »

Je suis tout à fait de l'avis de cette dame.

Revenons au jeune marié.

Petit à petit, il s'est approché du lit.

Il contemple son bonheur. Peu à peu, il
s'enhardit et prend un baiser sur le front de
sa bien-aimée, qu'il croit toujours endormie.
Elle tressaille à ce doux contact et se tourne
lentement vers lui.

« Vous ne dormiez donc pas, ma chérie!

— Non, ami, je sommeillais un peu; je suis
fatiguée. »

Alors commence cette douce et tendre mélodie de baisers, de propos interrompus, d'entrelacements, de pressions cœur à cœur.

Il n'ose encore prendre place au nid. Soudain la mélodie s'accentue davantage, s'il est
possible.

Plus de lumière.

Le nid renferme les deux oiseaux!

A travers les rideaux blancs de la fenêtre, l'astre des nuits laisse à l'aurore le soin d'éclairer de ses pâles rayons cette première fête de l'amour.

Pendant ce temps, deux têtes confondues en une seule soupirent de tendres serments entrecoupés de : « Je vous aime ! je vous aimerai toujours ! »

Au souffle de ces deux haleines de feu, sous l'empire des caresses, des attouchements exquis du jeune époux, l'harmonie s'établit entre ces deux êtres.

Ils vibrent à l'unisson.

La symphonie de l'amour peut commencer.

Le pardon est acquis d'avance pour les premières douleurs de la courte période de transition.

Tels devraient toujours être, à mon sens, avec légères variantes seulement, les préliminaires du premier acte conjugal intime.

La suite se devine.

Je ne ferai qu'une seule recommandation qui paraîtra peut-être superflue, mais repose sur un grand nombre d'observations de tous les médecins.

Le premier rapprochement exige beaucoup de douceur et de lenteur dans l'action.

Quelques petits conseils encore. Que l'époux respecte sa femme après une première étreinte : qu'il laisse aux premières douleurs le temps de s'apaiser. Elle lui sera reconnaissante de tant de sagesse et de modération. Cela lui ferait tant de peine de penser, de croire même qu'elle est pour lui un simple instrument de volupté, et non sa compagne à jamais.

Dans les rapports conjugaux, la décence et la chasteté doivent régner en souverains. L'amour aime l'ombre et le mystère.

Il faut laisser aux hommes blasés les orgies des lupanars ornés de glaces qui multiplient les groupes lascifs.

Dans l'état actuel de nos mœurs, une fois un mariage arrêté entre les parents, on laisse à peine au futur époux le temps de faire la cour à sa fiancée.

En Allemagne, les fiançailles s'accomplis-

sent avec une solennité presque aussi grande
que chez nous le mariage. Cette période
dure quelquefois plus d'un an. Durant la
guerre, il m'est arrivé plusieurs fois, dans
mes pérégrinations médicales, de causer avec
plusieurs jeunes officiers et médecins qui ne
cessaient de me répéter : « Quand donc cette
maudite guerre finira-t-elle ! Et ma blonde
fiancée qui m'attend. Tenez, voici l'anneau
de nos fiançailles. »

Il y a bien quelquefois des accrocs sérieux
à la tunique virginale; mais alors un prompt
mariage répare tout.

Dans les classes inférieures de certaines
provinces allemandes un essai loyal a lieu
longtemps avant l'hyménée.

Aussitôt que la jeune fille devient enceinte,
son amant la conduit à l'autel.

Mais, si au bout d'un temps plus ou moins
long de rapports sexuels sa fiancée demeure
stérile, l'amant l'abandonne et va offrir son
cœur à une autre Gretchen.

Et bientôt la délaissée trouvera un second,
voire même un troisième fiancé-essayeur.

L'homme du peuple veut acquérir la certitude que sa future femme sera une mère féconde.

Dans les pays d'outre-Rhin ne pas avoir d'enfant dans le mariage est une tare, une déchéance aussi bien en haut qu'en bas de l'échelle sociale.

Plutôt dix que pas un.

C'est une des causes principales de l'accroissement de la population.

En France, la vivacité du caractère, la fièvre des désirs, s'accommoderaient difficilement, dit-on, de ces longs délais.

Ici une rectification nécessaire. Semblables coutumes existent en France. Où, me demandera-t-on? Au pays du Soleil! en Provence! J'ai connu, en plusieurs endroits, beaucoup de jeunes gens qui restaient fiancés durant plusieurs années.

En Provence aussi, doter une jeune fille est l'exception, même dans les familles les plus riches. La jeune femme, aimée toujours, apporte sa beauté, son corps, son trousseau personnel... rien de plus.

L'examen des conditions, différentes selon les pays, suivant lesquelles se conclut un hymen m'a fait apprécier cette parole pleine de sens pratique d'un homme déjà avancé en âge, qui avait cruellement expié son manque de tact et de délicatesse au début de son mariage.

Dans l'état de nos mœurs, disait-il, en raison de la trop grande légèreté avec laquelle nous contractons l'acte le plus important de la vie, le jeune mari devrait faire plus ou moins longtemps, après la déclaration du *oui fatal*, la cour à sa femme, avant la consécration intime.

Du rôle bien entendu de la femme dépend l'avenir de la société. Pendant les vingt maudites années de l'orgie impériale, la famille existait seulement de nom. Une jeunesse superficielle, bruyante, avide de faciles plaisirs, bientôt usée et blasée, tel était le triste résultat du laisser aller général. Cette profonde démoralisation éclata dans toute son horrible nudité lorsque la patrie fut en danger. Témoins jusqu'à ce jour, impuissants de cette décadence, de ces défections, il nous faut, si nous avons à cœur de reprendre le premier rang, commencer dès aujourd'hui l'œuvre de la régénération.

Hélas ! il n'y a rien de changé. Le Régime pseudo-républicain sous lequel la France agonise, bafouée à l'étranger, est dix fois plus pourri. Le *Pot-de-vin* est Roi.

Le plus beau rôle certainement appartient à la femme, qui fait l'enfant et doit préparer le citoyen. Sachons donc, dès le premier jour du mariage, l'entourer de toute notre affection, de toute notre vénération.

LA LUNE DE MIEL

Un poète a dit que l'amour

> Vit d'inanition et meurt de nourriture.

Le premier hémistiche est trop absolu, paradoxal; le second, presque complètement vrai.

L'amour ne vit pas d'inanition. Peu de femmes accepteraient un tel régime dans lequel elles verraient à juste titre le comble du dédain. En dehors du besoin de plaire, de l'attachement, de l'affection, de la passion, les plaisirs de l'amour sont, en saine physiologie, un besoin aussi urgent que la satisfaction du sommeil et de l'appétit.

A un certain moment, l'individu a terminé sa croissance. Tous ses aliments se changent alors en forces de tension, puis en forces vives dont il peut disposer suivant ses besoins et ses occupations. Si la dépense n'équilibre pas la recette, s'il observe une trop grande continence, plusieurs phénomènes surgissent, parmi lesquels des congestions, des rêves lascifs, s'accompagnant d'insomnies et autres troubles fonctionnels généraux. Dans ces cas, l'exercice régulier et modéré des fonctions génitales est le meilleur régulateur de la machine humaine. L'harmonie des fonctions se rétablit, et avec elle la santé. Le grand art consiste à trouver le juste milieu.

Autre chose est la lune de miel si souvent célébrée par les poètes et les romanciers.

On peut définir la lune de miel la période d'excès vénériens des premiers mois de l'hymen ayant pour résultat ultime, de la part de l'un ou de l'autre des époux, souvent des deux, la satiété et le dégoût. L'amour meurt vraiment alors de nourriture.

Cette fin déplorable peut tenir aux agissements funestes des deux conjoints.

L'époux est tendre, passionné. S'il aime profondément, s'il obéit trop facilement à la

fougue de ses désirs, il ne sait pas, le malheureux! qu'il va soudain allumer des feux que
bientôt il ne pourra plus éteindre.

La femme est jeune, ignorante, avide d'hon-
nêtes plaisirs. Il découvre à ses sens étonnés,
à son cœur charmé, tout un horizon de voluptés. Pleine de santé et de vigueur, avec
des sens encore vierges, elle supportera bien
mieux que lui les assauts de l'amour.

En admettant que l'égoïsme ne règne pas
dans ses plaisirs, que chaque union intime
ait été précédée de la phase de caresses et
d'attouchements nécessaires pour mettre l'ac-
cord, l'unisson entre les deux amoureux, elle
sentira à peine un commencement de fatigue
alors qu'il sera vite à bout de forces s'il veut
satisfaire la soif de voluptés qu'il aura fait
surgir dans son être.

Il lui faudra bientôt faire aveu d'impuissance et demander grâce. Heureux encore
s'il ne perd pas, dans la lutte, et sa santé et
l'amour de sa femme.

Dans cette première hypothèse, la raison
ayant repris tout son empire, son épouse in-

telligente et réservée lui ayant conservé son affection, il comprendra la nécessité de calmer ses appétits sexuels.

Supposons au contraire une jeune femme aimante, ardente, mais d'un esprit peu élevé, d'une intelligence bornée.

Égoïste et imprudent, vous avez surexcité son ardeur, mais ne lui avez donné que des plaisirs incomplets, tandis qu'elle vous voyait, à son grand étonnement, mourir dans ses bras. Enfin, vous lui avez procuré quelquefois seulement, par suite de la lenteur dernière des derniers rapprochements de chaque nuit d'amour, cet état divin appelé l'orgasme vénérien.

La fatigue, la satiété, l'impuissance auront triomphé de votre vigueur, quand à peine elle commencera à savourer les délices du culte de Vénus.

Vous en arriverez à éviter la douce intimité, à fuir le toit conjugal. Vous la trouverez bientôt, à votre retour au logis, les yeux rouges encore des larmes versées durant les heures d'attente.

« Qu'as-tu ?

— Rien, mon ami.

— Pourquoi cette mine bouleversée et ces yeux rouges ?

— Comment, j'ai les yeux rouges ! Tiens, c'est vrai. Oh ! un simple coup d'air. »

Ces petites scènes se renouvelleront de temps en temps.

Cherchant de plus en plus des distractions dans la fréquentation de vos amis, prétextant au besoin des affaires urgentes, pressées, vous finirez par la laisser seule à la maison. en proie à la fièvre de ses désirs inassouvis et à la colère de l'abandon.

Le soir, passé minuit, en rentrant au bercail, vous vous garderez bien de la réveiller par vos baisers comme autrefois.

Vous la croirez endormie et fermerez bientôt vous-même les paupières. Et vous n'entendrez pas, dans le silence de la nuit, les soupirs, les gémissements de votre femme éplorée.

« Non ! il ne m'aime plus ! il me délaisse ! » pensera-t-elle.

Quelques mois après vous la verrez souriante, enjouée, ne cherchant aucunement à ranimer votre première ardeur, mais ne sachant pas encore refuser les plaisirs que vous daignerez lui accorder.

« Comme elle est bonne et aimante malgré tout! direz-vous. Elle a bien pris la chose. Au reste, je n'y pouvais plus tenir. »

Conclusion. Elle aura pris un amant, puis deux. Sur cette pente glissante, on s'arrête difficilement.

Autre cas qui touche directement à la santé.

L'époux est jeune, vigoureux, il n'a pas encore perdu sa noble ardeur. Sa femme est douce, tendre, nerveuse, d'une complexion délicate; chaque période menstruelle s'accompagne de vives douleurs avec abondante leucorrhée dans l'intervalle.

C'est une vraie sensitive dont un rien fait épanouir ou fermer les feuilles. Le moindre désir, la moindre caresse, trouvent un écho dans son cœur et ses sens. Loin d'être égoïste, il lui fait partager tout son bonheur.

Elle boit à pleines lèvres à la coupe des plaisirs.

Bientôt un cercle de bistre cerne ses yeux dont l'éclat fait mal. Son teint devient de plus en plus pâle. Sa face se grippe, elle maigrit. Au plus petit refroidissement, une toux sèche la fatigue.

Prends garde, jeune époux. Il en est temps encore, demain il sera trop tard ; tu lui auras ouvert à deux battants les portes du tombeau.

Parlerai-je maintenant de ces hommes parvenus à un âge relativement avancé, que la passion entraîne à rechercher l'alliance d'une jeune fille de vingt ans ?

Malheur à eux s'ils n'ont eu en vue que la résurrection du sens génésique sous les baisers brûlants de la jeunesse !

Citons un exemple qui nous vient à la mémoire :

M. L..., âgé de quarante-cinq ans, possesseur d'une belle fortune, d'une excellente santé habituelle, malgré une vie sexuelle antérieure fort agitée, épouse, à sa sortie du couvent, une jeune fille, de vingt ans à peine, d'une bonne famille qui, n'ayant pour toutes armes que son innocence et une dot fort maigre, fut, pour ainsi dire, vendue par ses parents.

On fêta dignement la déesse de l'amour, au delà même de toute espérance. L'ivresse des désirs et des plaisirs devint frénésie. Un instant le mari parut avoir trouvé une nouvelle vigueur au contact de sa jeune femme.

Hélas! ce ne fut qu'un feu de paille!

Peu à peu une faiblesse générale s'empara de son être. Ne voulant pas se rendre aux avertissements réitérés de la nature, cherchant par tous les moyens en son pouvoir à ranimer ses sens épuisés, sa débilité s'accrut de jour en jour. Peu de temps après il tomba paraplégique, autrement dit il cessa de pouvoir se tenir droit et, bien entendu, de marcher.

Non seulement il devint impuissant, mais il prit une maladie chronique de la moelle épinière. Et, s'il fut possible d'amender le mal, notre malade resta pour toujours, au point de vue sexuel, un fantôme de mari.

Elle, de son côté, à ces assauts répétés et violents dans l'action, gagna aussi une maladie chronique de la matrice, avec douleurs névralgiques intenses, leucorrhée abondante et chlorose consécutive.

Autre exemple des conséquences provenant des excès fréquents de la lune de miel.

Un jour je fus très étonné de voir venir chez moi, pour me consulter, un de mes amis, jeune marié d'un mois à peine.

Le dialogue s'engagea ainsi :

« Quel bon vent t'amène ?

— Je souffre horriblement. »

Je le regarde attentivement et le trouve en effet très amaigri, très changé.

« Modère-toi, lui dis-je ; fais donc longtemps durer la lune de miel. Aie toujours présent à l'esprit le conte de *Philémon et Baucis*.

— A ton aise, moque-toi de moi. Je suis bien plus malade que tu ne penses, d'abord j'use et n'abuse pas. A peine un ou deux voyages à Cythère chaque jour, le plus souvent un.

— Diable! diable! pour le premier mois et avec la vigueur de ton tempérament, cette modération relative me plaît.

— Trêve de plaisanteries. Écoute, voici mon état actuel dans toute sa triste vérité. Depuis quelques jours, il me semble avoir un feu ardent au creux de la poitrine. Bientôt viennent, après le dîner, des nausées, puis des vomissements répétés. Enfin je sens mon estomac s'affaiblir de plus en plus. Déjà les nausées commencent à se manifester après le repas du matin. Si cet état dure encore quelque temps, je ne pourrai garder aucun aliment. Et alors adieu amour!

« Désolée, ma femme m'a supplié de venir implorer ton secours. Je te confie le soin de me rendre le bonheur. Parle en maître, j'obéirai. »

Au son lamentable de sa voix, je crus qu'il allait fondre en larmes. Tout en l'écoutant, un soupçon m'était venu.

« Allons, allons! cher ami, ça ne sera rien. D'abord comment passes-tu tes soirées?

— Le repas terminé, ma femme se fait belle et nous allons au théâtre ou à la promenade.

— C'est bien innocent, maître Gaster est un misérable!

— Je ne te comprends pas.

— Un médecin est un confesseur honnête; je suis en plus ton ami. Tu dois sûrement oublier de me dire quelque chose; je vais aider ta mémoire. Après le dîner on devient plus expansif. On échange quelques baisers, etc.

— Oui, c'est vrai, j'oubliais de te dire....

— Nous y voilà. Sois franc.

— Eh bien! au sortir de table, nous allons prendre un peu de repos dans notre chambre à coucher, et nous faisons nos projets de plaisir pour la soirée. On échange en effet des baisers. Le projet vite arrêté, car je suis presque toujours de son avis, ma femme court à sa chambre où souvent je la suis. Les bai-

sers continuent de plus belle. On répond à
mes agaceries. La chair est faible, on pousse
le verrou et....

— Et c'est une heure après ces beaux faits
d'armes que les nausées et les vomissements
entrent en scène.

— Oui, hélas! Quel piteux mari je de-
viens!

— Mon ami, au train où tu vas, tu attra-
peras une magnifique dyspepsie.

— Pas possible!

— Oui bien, monsieur l'amoureux.

— Que faire?

— Rien n'est plus facile. Reste sage
quelques jours, mais complètement; maître
Gaster s'apaisera; et à l'avenir garde-toi
bien de prouver ta tendresse à ta femme
au sortir de table. Bon nombre d'amants
avec leurs maîtresses, et à plus forte raison de maris avec leurs femmes, doivent les
dérangements de leur santé, la plupart du
temps, à cette funeste habitude. La journée
appartient aux devoirs, aux affaires; la nuit à
l'amour. »

Il se le tint pour dit.

Quinze jours après, l'appétit était revenu, et avec lui la santé[1].

1. Quelques années de plus sur ma tête m'ont démontré que ces funestes pratiques pouvaient engendrer des maladies bien plus sérieuses. C'est en effet le meilleur moyen de rendre les milieux organiques, le terrain humain aptes à recevoir les bacilles ou germes de la phtisie.

APHORISMES

L E mariage étant un lien qui enchaîne pour la vie, on doit éviter toute cause de rupture apparente ou cachée.

Les exigences sociales donnant au mari la science et l'expérience en amour, il doit s'efforcer de faire partager à sa compagne tous ses plaisirs.

L'égoïsme en amour ne peut venir que du mari.

C'est un vol commis au préjudice de la femme et un mauvais calcul du mari, qui donne prétexte et droit à des représailles.

En amour, il doit toujours avoir en vue la

qualité, la perfection, et non la quantité ou répétition des actes probateurs.

L'amour est comme le phénix; il doit renaître de ses cendres.

L'amour, au point de vue moral, est un sentiment qui change et se transforme avec l'âge des deux époux.

La lune de miel est comme un chapelet plus ou moins long dont chaque jour égrène un grain.

L'amour est une douce bataille où l'on se replie toujours en désordre.

Mais obéir à la fougue de ses passions, c'est se rapprocher de la brute.

La santé de l'un ou de l'autre époux, souvent des deux, peut être mise en grand péril par une obéissance passive à la passion.

Règle générale, il ne faut jamais faire de sacrifice à Vénus avant qu'il se soit écoulé un laps de temps de quatre heures après le dernier repas[1].

---

1. Dans les éditions précédentes, il y avait : *de trois à quatre heures*. Trois heures est trop peu ; mieux vaut de quatre à cinq heures.

L'amour aime l'ombre et le mystère.

Un bon lit est le seul autel où puisse dignement s'accomplir l'œuvre de chair.

Un bon mari ne doit jamais réveiller sa
femme pour satisfaire un caprice amoureux.

Les voyages d'agrément, aussitôt le mariage accompli, sont mauvais au moral et au
physique.

Vénus, pour être adorée comme elle mérite,
veut un temple à elle, et non des hôtelleries.

FÉCONDATION, CONCEPTION

L E mariage a pour but non seulement la satisfaction de désirs partagés, mais surtout la propagation de l'espèce.

La sensation voluptueuse qui accompagne le coït n'est pas indispensable à la fécondation. Des femmes ont pu souvent devenir grosses sans l'avoir ressentie dans toute son intensité. Il me souvient d'avoir reçu jadis les confidences d'une dame, laquelle, ayant un amant, était devenue enceinte. Redoutant la colère de son mari, qui, disait-elle, avait toujours pris ses précautions contre une nouvelle grossesse, elle avait osé me proposer de faire disparaître le produit de sa faute. D'une curiosité dévorante, lisant tous les romans les plus lubriques, ne trouvant dans ses relations conjugales qu'une volupté bien pâle en comparaison de celle annoncée par ses lectures, elle s'offrit un amant. Ainsi du moins chercha-t-elle à expliquer et pallier sa faute. « Alors, dit-elle, je connus vraiment les plaisirs de l'amour. Jusque-là j'étais devenue mère, et j'avais goûté de l'union intime à peine les petites sensations agréables, voluptueuses, avant-coureurs du délire des sens. »

L'homme peut aussi quelquefois émettre la liqueur spermatique sans éprouver l'ébranlement nerveux qui accompagne généralement l'éjaculation.

Mais il n'en est pas moins certain que l'orgasme vénérien est l'un des plus puissants et des plus sûrs mobiles de la procréation.

La fécondation est l'acte le plus mystérieux de la génération. Elle consiste dans la rencontre de l'ovule et du sperme.

Le mot conception est presque synonyme de fécondation. Il y a cependant une nuance.

Une femme pourra être fécondée sans l'avoir désiré. Mais l'idée de conception implique, au contraire, celle du désir.

Un souvenir historique à l'appui :

A l'École de La Flèche, dans le parc, on a conservé un berceau de verdure, avec son banc de gazon, sur lequel Antoine de Bourbon et Jeanne d'Albret accomplirent l'œuvre de chair à laquelle Henri IV dut le jour.

Le livret-guide, utile pour visiter cet établissement, porte la mention suivante : « Là conçut Jeanne d'Albret. » J'ajoute : Les deux royaux époux se promenaient dans le parc, se communiquaient leurs désirs et leurs espérances, échangeaient des baisers pressants sous ces allées sombres et silencieuses. Ils arrivent à cet endroit délicieux, veulent y prendre un peu de repos; le concert amoureux continue. C'est là que Jeanne conçoit.

Beaucoup de femmes certainement se prêtent aux désirs de leurs maris pour éviter la concurrence d'une rivale dans la possession de leur cœur. Souvent il leur arrive d'être fécondées sans l'avoir désiré. Mais cela ne dépend pas d'elles qui n'ont fait que souffrir l'homme, suivant l'expression latine, *pati hominem*.

La fécondation peut avoir lieu en tout temps, dit-on. Si cette proposition était vraie, cela tiendrait assurément à l'état de civilisation raffinée dans lequel nous vivons.

Les femmes presque sauvages, par conséquent d'un esprit peu cultivé, se rapprochent davantage des animaux. La période du rut est bien plus marquée chez elles.

Le législateur Lycurgue, désirant développer au maximum la beauté, la force de la race et la grandeur de son pays, avait inscrit dans ses lois que l'acte de la génération devait seulement avoir lieu à l'époque fixée par la nature. Cette abstinence forcée exagérait la période du rut. Telle était l'obéissance rigoureuse à ces lois que, pendant longtemps, les Spartiates, bien qu'ils vécussent en commun, hommes et femmes, dans la nudité la plus complète pour augmenter leur force de résistance aux intempéries des saisons, ob-

servaient ponctuellement ces dures prescriptions[1]!

Nous avons bien changé tout cela, et personne ne songe à s'en plaindre. La nature a
cependant conservé tous ses droits. Aussi
doit-on peut-être attribuer à une interpréta-
tion vicieuse l'opinion de ceux qui croient à
la fécondation en tout temps.

Je m'explique : la règle est celle-ci. La
femme conçoit le plus souvent pendant et
surtout après les menstrues. Le moment le

---

1. C'est à cette continence innée des hommes des
races du Nord, en général, qu'il faut attribuer leur grande
prolificité (néologisme qui exprime bien ma pensée).

Nous n'avons pas dégénéré, il faut bien le dire, en puis-
sance génésique, mais nous nous plaisons souvent à faire
le travail de Pénélope.

Le Germain, l'Anglo-Saxon, au contraire, ne passe pas
la nuit avec sa femme ; il fait toujours lit à part, même
dans les petits ménages ; et ses relations conjugales, sauf
de rares exceptions, sont fort peu fréquentes, comme
1 est à 4 par rapport à nous, et cela dans la période
la plus brillante d'activité des sens génésiques. Ils
ignorent aussi, eux et leurs mystiques moitiés, les raffi-
nements du culte de Vénus. En amour physique, l'épicier
du Marais est et a toujours été leur idéal. Telles sont
les vraies causes de la prolificité des races du Nord.

Lire plus loin le chapitre intitulé : *Considérations sur
les causes de la Dépopulation et les moyens d'y remédier.*

plus propice est la période de six à sept jours qui commence avec l'écoulement sanguin. Donc, sans contredit, pendant dix jours environ, la fécondation a le plus de chances d'avoir lieu.

Supposons maintenant une femme fécondée dix jours avant l'apparition normale des menstrues.

Voici ce qui pourra avoir eu lieu : ou bien une ponte prématurée sans cause efficiente, ou bien une ponte prématurée provoquée par des accouplements trop répétés, ayant eu pour résultat de hâter le travail ovarique. Si ces causes n'existent pas, il faut admettre des erreurs de temps, de date, etc.

Autre explication.

Le germe femelle met huit à dix jours pour se rendre de l'ovaire à la matrice, où il est rarement fécondé. C'est pendant ce temps que la conception a lieu le plus fréquemment. Mais cette marche, on le comprend facilement, peut être directement influencée par la fréquence ou la rareté de l'acte vénérien. Il doit donc arriver quelquefois, suivant les personnes et le genre d'existence, une accélération ou une lenteur considérable dans la descente de l'ovule.

Pour nous, le moment le plus favorable, le plus logique, le plus hygiénique, si l'on veut, arrive pendant les règles et après leur cessation.

Il faut tenir grand compte, dans les résolutions à prendre, de la constitution, de l'état général de la femme qui doit être fécondée.

Supposons une femme délicate, d'une menstruation douloureuse, sujette à des pertes abondantes. Le coït avant augmentera la congestion utéro-ovarique et la prédisposition aux pertes. Le coït pendant sera une cause nouvelle et intense d'afflux sanguin et de pertes. Le coït après aura beaucoup moins d'inconvénients, surtout si l'acte n'est pas répété la même nuit.

Les enfants se ressentent de l'état physique et moral des parents au moment de l'accouplement qui a donné lieu à la fécondation. Un enfant ressemble comme apparence extérieure à son père ou à sa mère ; souvent même il tient des deux. Les exemples d'atavisme sont rares.

Il en est ainsi du caractère, de l'intelligence, des passions. Inutile d'entrer dans de plus amples détails à ce sujet.

Quant aux maladies constitutionnelles de l'un ou de l'autre des époux, de nombreux cas prouvent leur facile transmission par hérédité. Tout le monde sait, par exemple, qu'un phtisique en engendre un autre, ou tout au moins lui transmet une aptitude spéciale à recevoir des bacilles [1]. L'étude des modifications successives qui ont imprimé à l'organisme du père ce cachet particulier de déchéance serait intéressante à poursuivre jusqu'au bout. De l'examen approfondi on pourrait arriver à conclure, pensons-nous, que l'hygiène seule peut, petit à petit, transformer et annihiler ce vice originel [2]. Mais

1. On nomme *bacille* (petit bâtonnet) un parasite végétal qui se multiplie à l'infini et que l'on trouve seulement dans les crachats et cavernes des phtisiques, etc.. etc.

2. L'isolement dans un pays sain, tempéré, au milieu d'un grand domaine, par exemple, joint à l'observation

cela sortirait de notre cadre. Un tel travail demanderait des développements par trop scientifiques et, partant, serait peu agréable au lecteur.

J'insisterai seulement sur ce point que les parents en proie, au moment choisi pour la conception, à des maladies plus ou moins aiguës, susceptibles de guérison prompte et radicale, devraient s'abstenir complètement de tout coït.

La constitution d'enfants procréés à ce moment en est le fidèle reflet. Je citerai, comme exemple, des pères atteints de gastro-entéro-hépatite (maladie de l'estomac, de l'intestin et du foie), suite d'abus alcooliques, qui ont transmis aux enfants procréés pen-

des prescriptions hygiéniques, rigoureuses, constituent le seul moyen de guérir la Phtisie.

J'entends, par *isolement*, la vie sur une hauteur, avec quelques personnes saines au milieu d'un espace considérable tel qu'un domaine de plusieurs centaines d'hectares. Quant aux prescriptions hygiéniques elles peuvent se résumer en : se lever au jour, se coucher à 9 heures et demie au plus tard, fenêtre ouverte mais ouverture comblée par un store vert spécial filtrant l'air, et prendre des bains tièdes courts salés à haute intensité. Pas de drogues ; quelques fumigations et inhalations spéciales.

dant l'état du mal une prédisposition à ces
maladies.

Autre exemple choisi dans l'ordre moral :
une femme ayant conçu à la suite d'une vive
colère occasionnée par un violent chagrin,
son enfant fut pris plus tard de convulsions
fréquentes qui causèrent sa mort.

STÉRILITÉ

OU EMPÈCHEMENTS A LA CONCEPTION

Ils tiennent du mari ou de la femme.

Ayant pour objectif l'état normal et non les difformités, je passerai sous silence les vices de conformation tels que *paraphimosis*, *hypospadias*.

La liqueur spermatique du mari peut manquer d'animalcules, sans lesquels point de fécondation; ou bien ces animalcules sont lents, peu vivaces (comme chez les vieillards et les personnes débiles [1]).

1. Ce manque d'animalcules est beaucoup plus fréquent qu'on ne pense. J'en connais plusieurs exemples; il s'agit de personnes très robustes, très portées aux plaisirs sexuels, chez lesquelles ce déficit bizarre n'a pu être attribué à aucune cause connue et n'a jamais pu être amendé.

L'absence d'animalcules est aussi due très souvent aux excès vénériens, à l'abus des plaisirs à un âge peu avancé, avant la fin de la croissance: mais surtout aux maladies vénériennes, *orchites*, *épididymites*, *accidents syphilitiques*.

Les soins et la patience permettent d'annihiler cette impuissance, cette stérilité passagère, pourvu que les lésions n'aient pas profondément débilité l'organisme.

Quant à la femme, je citerai seulement les principales causes qui rendent la fécondation presque impossible.

Irrégularité des menstrues. — Tout phénomène de ce genre est le signe d'un travail ovarique pénible ou incomplet. L'ovule ne peut vivre longtemps. Si la fécondation n'a pas lieu de suite après la ponte. c'en est fait. Si, au contraire, elle a lieu. l'enfant est malingre, cachectique, et succombe à la première maladie un peu grave.

C'est ce qui explique la stérilité des femmes peu aisées des grandes villes et la mortalité des nouveau-nés dans les classes peu fortunées de la société.

Pertes blanches, chloro-anémie primitive ou consécutive — Presque toutes les femmes irrégulièrement réglées ont ce triste privilège. Leur mari a beau jouir de la plus florissante santé, prendre les plus grands ménagements, jamais le succès ne vient couronner leurs efforts ; ou bien ils deviennent les parents d'une progéniture fatalement vouée aux nombreuses maladies de l'enfance, quand ce n'est pas à la mort.

Cette résistance involontaire à la conception s'explique par l'influence morbide du mucus et du pus leucorrhéiques sur la santé et la vie des animalcules spermatiques.

J'oserai même avancer qu'à Paris et dans les grandes villes un grand nombre de femmes ne pourraient devenir mères si elles n'avaient le soin de remédier par des ablutions, des irrigations fréquentes, au mauvais état de leurs parties génitales.

Ces pertes blanches s'accroissent à chaque période menstruelle. Et il faut bien se garder

de les confondre avec certains phénomènes
qui se manifestent fréquemment chez des
femmes saines et robustes dont l'écoulement
sanguin de chaque mois est précédé et suivi
de flueurs blanches plus ou moins abondantes
qui sont, il est vrai, transitoires. Les bains
fortifiants, les grands soins continus de propreté, l'usage intermittent (dix à quinze jours
par mois) des eaux ferrugineuses telles que
La Reine du Fer, les bains fortement salés,
l'alimentation partielle par le *Secret des Le-
vantines*, finissent par triompher radicale-
ment de ces impossibilités, à moins qu'il n'y
ait un vice de conformation du col de la matrice : atrésie du col, conicité, anteflexion,
pour ne citer que les principales.

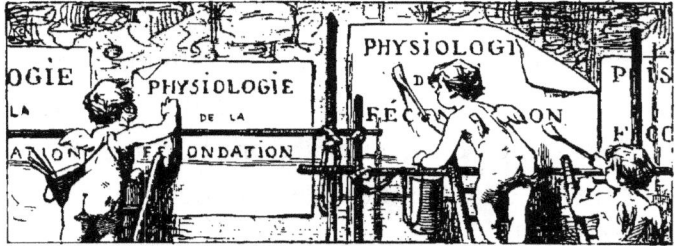

PHYSIOLOGIE

DE LA FÉCONDATION

Les deux époux sont sains et robustes, leur état moral satisfaisant. Ils évitent toute cause d'émotion vive, de fatigues exagérées. Ils veulent non seulement donner la vie à un être, mais le douer, dans la mesure de leur pouvoir, de tous les avantages physiques et de toutes les qualités intellectuelles qui, plus tard, lui rendront plus légères les charges de la vie.

Quels doivent être les préliminaires de la fécondation?

Est-il nécessaire qu'il y ait eu période de

repos absolu des organes génitaux avant le moment le plus propice de la fécondation? Oui, assurément.

La femme sera plus forte, l'ovule aussi. Le sperme de l'homme jouira d'une plus grande activité dans ses éléments principaux, les animalcules.

L'heure de la fécondation ardemment désirée est venue.

Dans le but de rendre l'accouplement plus intime, il importe, selon les recommandations faites pour la première nuit de noces, que l'acte vénérien soit précédé de ces baisers, de ces caresses et attouchements exquis qui resserrent les liens d'union et de sympathie entre les deux acteurs.

L'érection, phénomène connu dont la description aurait l'unique utilité de chatouiller l'épiderme du lecteur, est bien plus rapide chez l'homme. Les caresses et autres mignardises ont pour but de provoquer un état semblable chez la femme.

Ce résultat obtenu, l'harmonie existe véritablement, la scène de la conception peut commencer. Quelle position plus favorable choisir? Ici je pourrais me lancer à perte de vue dans une digression plus libertine que savante, et étudier les bénéfices et les inconvénients des mille postures du poète obscène Arétin. Je me contenterai de dire : la meilleure est la position classique, *illa sub*, *ille super*, celle, en un mot, dans laquelle les points de contact multipliés procurent les sensations les plus agréables.

Une seule exception pourra être faite en faveur des jeunes femmes hystériques, dont l'état tient à un degré de congestion exagérée des ovaires et organes génitaux, etc., etc[1].

De nombreuses expériences, il résulte (j'en ai fait moi-même) que la pression des parois abdominales (ventre), au niveau du siège de

---

1. Lorsque, dans le but de remédier à un vice de conformation du col de la matrice ou toute autre cause, on aura procédé à la dilatation progressive du canal cervico-utérin, deux jours avant les règles, on assurera la fécondation de la femme en recommandant le coït, *more canum*. La femme devra rester en cette posture, vingt minutes au moins après la fin de l'acte, puis se coucher lentement en serrant les fesses de façon à conserver la liqueur spermatique.

l'ovaire, suffit pour provoquer des attaques nerveuses tout à fait semblables à celles de l'hystérie. Au moment de la ponte mensuelle, il est facile de se rendre compte de la plus grande susceptibilité ou irritabilité de ces organes. Si donc une jeune fille ou jeune femme a, pour beaucoup de raisons, une grande prédisposition à ces attaques, il ne sera pas étonnant de les voir se répéter dans les combats amoureux qui suivront la cessation immédiate de l'écoulement sanguin, et cela par les étreintes, les contractions musculaires violentes et les chocs alternatifs dans la position ventre à ventre. Dans ces cas, la meilleure position sera celle sur le côté de part et d'autre.

L'action doit être lente, intime, les étreintes douces. Le mari doit chercher autant que possible à provoquer la simultanéité de l'ébranlement nerveux consécutif à la volupté.

Enfin, lorsque la sensibilité développée sur le membre viril par les frottements réitérés de l'organe mâle contre l'organe femelle est arrivée à un certain degré d'exaltation, il survient dans tout l'organisme cette sensation indéfinissable accompagnée d'un sentiment de chaleur le long de l'axe cérébro-spinal, de l'accélération du pouls et d'efforts convulsifs d'expiration. La contraction des voies d'excrétion du sperme et de tous les muscles du périnée amène l'éjaculation. Cet ensemble de phénomènes a reçu le nom d'orgasme vénérien.

Du côté de la femme, cet orgasme est accompagné non seulement de mouvements dans les muscles du périnée, mais probablement aussi des contractions utérines. Alors le col de la matrice, s'ouvrant et se resserrant par les mouvements convulsifs, attire en quelque sorte la semence dans sa cavité.

J'ajouterai que les frottements des organes mâles et femelles sont rendus plus faciles, plus intimes et plus doux, par les flots de sécrétion des glandes vulvaires et vulvo-vaginales qui jouent ici le rôle de l'huile entre deux surfaces de glissement d'une machine.

Chez les femmes qui abusent du coït (les

prostituées), ces glandes se fatiguent vite ;
c'est ce qui explique la sensation de chaleur,
d'âcreté, de sécheresse, que l'on éprouve
très souvent dans l'exercice du coït avec
elles.

L'orgasme vénérien est suivi d'une période
d'anéantissement très marquée, avec tendance
au sommeil. Dans l'intérêt de la conception,
il est prudent de laisser, après l'orgasme vénérien, les organes sexuels quelque temps en
rapport, autrement dit, de garder la même
position.

Bientôt, l'érection ayant complètement
cessé, il sera temps pour les deux acteurs de
prendre un repos mérité.

Si l'un des époux est soumis, par sa profession, à un rude labeur, à des veilles, la fécondation aura lieu plus sûrement par le coït du
matin.

Il ou elle réparera, en agissant ainsi, ses
forces pendant la nuit.

On a prétendu assigner des caractères
précis à la fécondation. Certaines femmes
affirment même pouvoir facilement distinguer

le coït fécondant. Elles ressentent alors une sensation de plaisir infinie, profonde, particulière, distincte de l'orgasme vénérien ordinaire.

Quelques auteurs avancent que certaines femmes, après le coït amenant la conception, s'endorment instantanément d'un sommeil de plomb. Je me souviens même d'avoir entendu tenir pareil propos par un mari dont j'ai accouché la femme.

Enfin, on cite des cas où des vomissements auraient immédiatement succédé au coït fécondant. Il n'y a rien de positif, voire même de sérieux, dans ces assertions. Un seul signe probable, je dirai même à peu près certain, existe lorsqu'il s'agit d'une femme bien portante : c'est la suppression des règles.

Quelle conduite tenir jusqu'à ce moment?

Rien ne s'oppose à la répétition de l'acte vénérien tous les trois jours, soir ou matin, en prenant les précautions susmentionnées pendant la période de la fécondation possible. Mais l'exagération pourrait, s'il y a eu un commencement de conception, provoquer des pertes et tuer l'ovule récemment fécondé[1].

1. Supposons une jeune femme mariée depuis plusieurs années, désirant ardemment devenir mère et ne le pouvant, bien que son mari partage ses désirs. Les deux doivent consulter un médecin honnête, qui saura bien vite dégager l'inconnu.

Supposons (c'est le cas le plus fréquent) qu'il y ait malconformation du col, dysménorrhée (règles douloureuses). Un traitement approprié sera institué et, deux mois après la fécondation pourra avoir lieu.

Quelle position?...— More canum.

Quels jours ? — Les 3me, 4me, 5me, 6me, 7me jour à partir du commencement des règles ; par conséquent rien, le premier et le second jour. Un seul coït chaque soir et du huitième jour au mois suivant pas de relations conjugales. Tel est le meilleur moyen d'obtenir les résultats désirés.

GROSSESSE

Jean-Jacques Rousseau a dit : « Une femme enceinte devrait imiter les femelles d'animaux qui, une fois la cargaison complète, ne reçoivent plus de passagers à bord. »

Cela est facile à dire dans un livre, et il vaudrait mieux, dans l'intérêt de la femme et du fœtus, qu'il en fût ainsi.

Beaucoup de considérations rendent pareille continence difficile. La femme a peur de perdre l'affection de son mari ou de la voir diminuer au profit d'une rivale. Le mari, tourmenté par les exigences d'un tempérament

amoureux, craint de s'exposer aux mille
vicissitudes d'un coït impur, et de transmettre plus tard à sa moitié, voire même
à ses enfants, les souillures du mal vénérien.

Nous n'imiterons pas le radicalisme de
Jean-Jacques, qui le pratiquait plus, du reste,
dans ses ouvrages qu'au lit de sa Thérèse.
In medio stat virtus.

Les rapprochements sexuels ne seront pas
fréquents. Et s'il ne peut, au contact de sa
femme, tempérer la fièvre de ses désirs, le
mari devra faire lit à part.

Pendant la grossesse, il lui sera permis
d'être relativement égoïste. Heureuse de voir
leurs liens aussi resserrés que par le passé,
l'épouse saura se contenter de plaisirs à demi-
partagés.

Autant que la modération dans les relations
intimes, le calme et l'égalité d'humeur sont
indispensables pour mener à bon port l'œuvre
commune.

Ainsi, un mari qui, connaissant la faiblesse
de constitution de sa femme et les consé-

quences terribles d'un avortement, aura su
imposer silence à ses sens, s'efforcera,
malgré cette abstinence volontaire, de lui
conserver toute son affection et son attachement.

Qu'il partage ses peines, qu'il prenne moralement part aux premières douleurs de sa
nouvelle situation ; que, par tendre pitié ou
par intérêt pour lui-même, il ait au moins
l'air de compatir à ses souffrances ; que, devant son œuvre, il lui montre une patience et
une bonté d'âme inaltérables, surtout au
premier enfant. Il calmera son inquiétude par
les caresses de la voix, du regard, des baisers, des entrelacements qui lui sembleront
d'autant plus agréables qu'elle sentira le prix
du sacrifice, et verra, dans les attentions de
son protecteur, les preuves évidentes de la
plus sincère affection.

Les promenades répétées sans fatigue, si
favorables par la régularité de l'hématose et
de la circulation, seront faites de préférence
à pied ou dans des voitures bien suspen-
dues.

Les soirées se passeront en commun; le
mari se gardera bien de livrer sa femme à
l'abandon, pendant de longues heures sacri-
fiées, par amour-propre et crainte des quoli-
bets, aux jouissances énervantes des cercles,
estaminets et des réunions de femmes ga-
lantes.

En agissant ainsi, le mari mettra en ré-
serve des trésors d'affection et de dévouement, dont il sentira peut-être un jour tout le
prix. Il aura plus tard, pour soutenir les
luttes de la vie et l'éclairer dans ses résolutions, une Égérie attentive qui sans cesse
promènera autour de lui et des siens son œil
scrutateur et protecteur.

Combien de maris, en effet, s'ils osaient
avouer la vérité, diraient qu'ils doivent aux
sages conseils de leurs femmes d'avoir su
éviter les pièges qui leur étaient tendus, conserver une situation acquise, souvent arriver
à la prospérité!

Combien d'autres, par le baume des douces
paroles de leur bon génie sur des plaies encore saignantes, ont pu retrouver la patience,

l'énergie et les forces nécessaires pour refaire une position compromise ou perdue, et aller de nouveau prendre place au soleil de la fortune !

Dans le domaine des sciences, de la philosophie, la femme, en général, est certainement inférieure à l'homme. Mais quelle n'est pas son éclatante supériorité dans toutes les affaires du cœur et les relations de la vie entre hommes ou femmes !

Avec quelle perspicacité, quelle divine intuition, elle devine le bien et le mal pour les êtres qui lui sont chers !

Chez elle le cœur est touché tout d'abord, puis le cerveau, siège de la raison. Elle sent vite et vivement. Le moindre regard, l'intonation de la voix, la vivacité des paroles, le plus ou moins d'empressement, trouvent en elle un écho sympathique bien avant que la raison ait éclairé son jugement de ses vives lumières et dicté ses résolutions.

Si, subissant l'influence fatale de ses premières impressions, il lui arrive, par hasard, de faire commettre des graves fautes, elle saura promptement trouver dans la souplesse de son imagination la force suffisante et les moyens convenables pour réparer le mal fait involontairement.

FAUSSES COUCHES

ACCOUCHEMENT AVANT TERME

BEAUCOUP de causes peuvent les provoquer. Leur étude complète n'entre pas dans la tâche que je me suis imposée. Je ne dirai pas quels sont les dangers de la danse, de l'équitation, de la course, de tout exercice, en un mot, s'accompagnant de secousses plus ou moins violentes, de tout travail nécessitant un grand développement de forces musculaires. Des femmes avortent pour le plus léger ébranlement ; d'autres, bien rares, il est vrai, malgré des mouvements désordonnés, même des chutes horribles, ont pu arriver à terme.

Mais la cause sans contredit la plus fréquente de l'avortement est le coït exagéré de la lune de miel. Elle seule m'occupera.

C'est du deuxième au quatrième mois surtout que les avortements sont le plus nombreux. On pourrait même affirmer qu'à Paris il existe peu de femmes qui n'aient pas eu une fausse couche trois mois après la célébration de l'hymen, ou bien dans le cours de la première grossesse.

Il serait donc logique de poser en principe absolu qu'une femme qui a déjà fait une fausse couche devrait, à une grossesse nouvelle, observer la continence la plus sévère.

Influence de l'abus du coït du deuxième au quatrième mois. — Son mode d'action est très facile à concevoir : ou le coït est trop impétueux, ou, sans être impétueux, il s'accompagne d'un plaisir très vif. Dans le premier cas, il y a ébranlement direct de l'utérus (matrice), décollement de l'œuf quelque part, épanchement de sang entre lui et la face interne de la matrice, contraction de celle-ci et expulsion hâtive du produit. Dans le second cas, il y a congestion de la matrice par le seul effet de l'orgasme vénérien, hémorragie, décollement de l'œuf et, enfin, encore expulsion du produit.

Exemple :

Je fus mandé un jour chez un notable commerçant, âgé de 26 ans, pour une hémorragie très abondante survenue à sa femme.

Je la trouvai très pâle, très émue, couchée sur le dos dans son lit, en proie à de vives douleurs. Le sang coulait toujours, mais en moins grande quantité.

Ma première question fut celle-ci : « Vous êtes enceinte, Madame ?

— Je ne sais, Monsieur. Depuis trois mois environ mes règles sont tout à fait irrégulières; elles ont cessé de paraître pendant deux mois : il y a cinq semaines, j'ai commencé à avoir des pertes assez faibles, qui ont considérablement augmenté après le dernier bal, où j'ai dansé avec mon mari. Aujourd'hui j'ai perdu tout mon sang, je vais mourir.

— Non pas encore, « Madame. » Et, pour
ne pas perdre de temps, je pratiquai le tou-

cher vaginal. Ayant soulevé un petit caillot
pour arriver au col de la matrice, je sentis,

au bout du doigt, un corps de consistance molle à surface inégale, avec une partie ronde assez volumineuse. Je le saisis, tirai doucement à moi et parvins à extraire un fœtus de trois à quatre mois avec commencement de formation des organes génitaux femelles.

Cette femme avait une fille de trois ans et demi. Elle ne pouvait se croire enceinte, n'ayant, disait-elle, éprouvé aucun des troubles de la nutrition, vomissements et autres, qui l'avaient tant abattue la première fois.

Le mari manifestait le même étonnement.

Et comme il avait pour sa compagne une grande affection, il ne cessait de répéter : « Je n'y comprends rien, je ne lui laisse jamais faire aucun travail fatigant. Elle s'occupe un peu de la direction de la maison. » Il paraissait très malheureux et s'exagérait même les conséquences souvent funestes d'une fausse couche pour la vie de la mère.

Le lendemain, le jeune mari, qui m'avait semblé très enclin aux plaisirs de l'amour,

étant absent, je me permis de faire de nouvelles questions au sujet des causes de l'avortement.

« Madame, votre mari est-il prudent, assez
sage en un mot?

— Cela dépend. Il l'est beaucoup plus
maintenant et je n'en suis pas fâchée.

— Depuis votre première perte vous a-t-il
respectée?

— Oh! non, Monsieur. C'était au-dessus
de ses forces.

— Enfin quelle a été sa conduite?

— Peu de nuits se passent dans le calme
complet. La veille du jour où mes petites
pertes ont commencé, il y a un mois et demi
environ, à son retour d'un voyage obligatoire,
s'il m'en souvient, il répara grandement le
temps perdu ; et, malgré même l'abondance
de mes pertes depuis ce maudit bal, c'est à
peine si depuis deux jours, me voyant souffrir de plus en plus, il me laisse en repos.

Je lui affirmai alors qu'elle devait attribuer
son avortement à la vivacité de la passion de
son mari. « Vous êtes jeune, vous aurez, lui

dis-je, probablement d'autres enfants; vous tenez de par cette fausse couche une prédisposition à l'avortement. Eh bien! quand vous serez enceinte. faites-vous respecter. Accordez vos faveurs intimes une fois par semaine au maximum. »

Conclusion : Après la première perte, abstinence, séparation complète. Il faut vite réclamer les soins d'un médecin. Il sera souvent facile, en prenant le mal au début. d'arrêter une perte et de rendre possible la continuation de la grossesse. Tous les médecins ont vu et soigné des cas analogues dans leur clientèle. Je me souviens d'avoir, par un traitement rationnel, coupé court à une hémorragie utérine au septième mois. La grossesse suivit son cours, et un bel enfant vint à terme.

Second exemple : Névralgie vulvaire (des parties génitales externes) et vulvo-vaginale occasionnées par le coït.

Une des premières conséquences de la grossesse est de provoquer un afflux de sang considérable vers la matrice et ses annexes

extérieures, vulve et vagin. Ces parties acquièrent une sensibilité exquise.

Si aux causes d'excitation venant du travail
interne s'ajoutent celles dues aux frottements
d'un coït exagéré, lequel augmente encore
cet afflux sanguin, cette sensibilité prend
souvent les caractères douloureux d'une névralgie si violente, que l'exercice de la copu-
lation arrache des cris terribles.

Dans d'autres cas, les soins de propreté
étant insuffisants et les sécrétions vulvaires
plus intenses, il se développe autour des parties externes de la rougeur, une inflammation
des glandes diverses avec violent prurigo.
Dans ces circonstances, la première dilatation de la vulve produite par l'introduction
du membre viril s'accompagne de douleurs
atroces.

Une jeune mère de vingt et un ans, au
quatrième mois d'une nouvelle grossesse,
vint me consulter au sujet d'une semblable
maladie des organes génitaux, d'une intensité inouïe; elle voyait arriver avec effroi
l'heure du coucher. Son mari l'adorait et le

5

lui prouvait chaque soir. Elle avait beau se
jurer à elle-même de ne pas céder, chaque
nuit elle se parjurait : « La chair est faible,
disait-elle, et il sait si bien s'y prendre pour
obtenir ce qu'il veut. » Elle ne pouvait faire
lit à part; elle en avait un seul et le berceau
de l'enfant.

« Le jour tout va bien, ajoutait-elle, mon
mari entend la voix de la raison. Mais la
nuit, impossible ! Pour vous en donner une
idée, Monsieur, sachez que je l'ai formellement autorisé à s'adresser à d'autres femmes
pendant le temps nécessaire à ma guérison;
il n'y a pas encore consenti. Quant à moi, je
souffre au point d'être décidée à passer la
nuit dans l'escalier. »

Je la consolai et la priai de m'envoyer son
cher bourreau. Il vint; il l'aimait réellement.
Je lui fis comprendre la nécessité d'une séparation complète pour quelques jours, s'il ne
voulait pas la voir le prendre en légitime
horreur. Je lui fis espérer le prompt rétablissement de sa bien-aimée. Il m'écouta, et tout
rentra bientôt dans l'ordre. Quelques jours

encore de ces excès relatifs auraient certainement occasionné un avortement; car cette dame m'avait déclaré, en me consultant. avoir éprouvé des douleurs de reins faibles, lentes, sourdes, semblables à celles qui annoncent l'accouchement à terme; et elle était payée pour les connaître.

L'influence de l'abus du coït, au neuvième mois, s'explique facilement aussi.

En effet, l'utérus ou matrice, à ce moment, a besoin seulement de la plus légère cause d'excitation pour entrer en travail. Il y a plutôt accouchement prématuré qu'avortement. Les suites sont moins graves pour la mère; l'enfant peut même survivre.

La colère, la frayeur, le chagrin, la joie, sont aussi des causes fréquentes d'avortement. Dans un paragraphe précédent, nous avons insisté sur l'influence d'un état moral satisfaisant par rapport à la parturition. La vue d'objets charmants ou vilains influe aussi sur le développement de l'embryon. De là production de ces accidents bizarres, les envies.

Dans l'antiquité on avait coutume, chez les personnes riches, de remplir le gynécée de statues de dieux et déesses, de tableaux agréables à voir. Apollon et Vénus, dans toute leur belle nudité sculpturale, récréaient les yeux des dames d'Athènes au lever et au coucher.

ACCOUCHEMENT

ET MATERNITÉ

L'ENFANT si ardemment désiré est venu au monde. La jeune mère ne se lasse pas de le regarder. A sa vue toutes les douleurs passées se sont évanouies. Elle est toute au ravissement de contempler cet être si frêle qui lui a, peut-être, arraché tant de cris déchirants.

A son chevet est assis son ami dévoué qui la couve du regard et promène ses yeux humides de bonheur de sa compagne adorée à son cher rejeton. Il est père, et ce nom sacré éveille en son cœur tout un monde nouveau d'affection, de saintes joies, mais aussi de devoirs sérieux à remplir.

Les jours se succèdent. A part les affaires urgentes, les soins à donner à la sauvegarde de ses intérêts, il est toujours près d'elle pour la consoler, la soigner si elle souffre, tromper l'ennui des longues heures des quinze premiers jours au moins qu'elle doit passer au lit, et pour modérer le bavardage insupportable de certains visiteurs, complimenteurs importuns.

Enfin arrive le jour si impatiemment attendu du premier lever, de la première petite promenade.

Prends garde, jeune père, de te laisser aller à des désirs trop hâtifs. Combien de femmes ont dû les maladies aiguës qui les ont conduites aux portes du tombeau aux excès prématurés de cette nouvelle et courte lune de miel !

Combien d'autres y ont puisé les germes de ces maladies chroniques de la matrice, plus tard sources de dégoût et de répulsion pour leurs maris !

Quelques mots d'explication :

Après l'accouchement commence un état particulier, l'état puerpéral, lequel durera jusqu'au retour des règles normales si la mère ne nourrit pas, environ quarante à cinquante jours.

Dans le cas contraire, ce n'est pas l'apparition des menstrues qui pourra indiquer la fin de cette période, qui a cependant la même durée que dans le cas précédent.

Pendant les cinquante jours consécutifs à la délivrance, la matrice, considérablement développée, revient sur elle-même. Dans les dix premiers jours, s'il n'y a pas eu d'accident, elle est tout à fait redescendue dans le petit bassin et ne fait plus saillie au-dessus du mont de Vénus. Vers le soixante-dixième ou le quatre-vingtième jour elle aura repris son volume primitif.

La matrice, jusqu'au vingtième jour au moins de l'état puerpéral, conserve une irritabilité spéciale. Le moindre excès, le plus petit écart de régime, l'imprudence la plus légère, ont un écho retentissant sur elle, les régions voisines et les membranes qui l'enveloppent, le péritoine principalement.

Les vaisseaux utérins larges, béants, dont le volume et le calibre diminuent lentement, dont les cicatrices à la surface utérine sont continuellement baignées par l'écoulement lochial sans cesse renaissant, deviennent autant de portes ouvertes aux poisons engendrés par l'altération des humeurs muco-purulentes où nagent et se multiplient les microbes de l'infection.

De plus, l'accès facile de l'air est une cause nouvelle d'altération.

Les grands soins de propreté, d'antisepsie, bien entendu, sont le meilleur préservatif d'accidents ultérieurs et formidables qui se résument en un mot bien connu, même des dames : la *métropéritonite.*

Donc, pendant l'état puerpéral, le mari s'interdira formellement tout rapprochement sexuel. Il attendra le retour normal des règles, quarante ou cinquante jours.

S'il n'a pas l'énergie de dompter ses désirs, à quels dangers n'exposera-t-il pas sa compagne! Hémorragies répétées, inflammations des organes génitaux, du péritoine, tous accidents qui, s'ils ne causent pas la mort, compromettent à jamais la santé de la mère, après avoir rendu la convalescence longue, pénible, douloureuse, avec une ou plusieurs maladies chroniques comme avenir.

Quelle sera maintenant la conduite du mari à l'égard de la mère qui allaite son enfant!

Ici il y a un nouvel intérêt tout-puissant qui est en jeu : celui du nourrisson, dont le changement de nourrice peut altérer la santé avant le dixième mois.

Dans la plupart des cas, c'est aussi à ce moment environ que la jeune mère-nourrice reverra ses règles apparaître, et, avec elles, l'aptitude à une nouvelle conception.

Si le père abuse du coït, surtout à certains jours du mois, il surexcitera les fonctions des organes génito-ovariques et favorisera la formation anticipée, puis la ponte d'un nouveau germe. Avec la fécondation de l'ovule arrivé à maturité disparaîtra complètement la faculté de l'allaitement. Les seins se flétriront, se rétracteront. La succion de l'enfant n'aura plus son influence bienfaisante sur la *montée du lait*; bientôt il s'étiolera, faute d'alimentation suffisante par un lait peu abondant ou peu riche en matériaux utiles. Si, d'un autre côté, la mère, peu intelligente ou imprévoyante, n'a pas le soupçon d'une nouvelle grossesse et s'obstine à remplir ses devoirs de nourrice, elle aura la double douleur de voir sa santé s'altérer, et par-dessus tout son enfant suspendu à ses seins arides, s'épuiser en vains efforts pour en tirer la vie.

Il serait, certes, à désirer qu'il ne fût fait aucun sacrifice à la Déesse de l'amour pendant ces dix mois, mais ce serait beaucoup exiger des deux époux, du mari particulièrement, dont le rôle dans les soins à donner au nourrisson est si effacé, en comparaison de celui de la mère. Le doute de la fidélité, ce poison du cœur, contribuerait aussi à rendre triste l'existence de la jeune nourrice, et les qualités du lait en subiraient le contre-coup. La nourrice est, en réalité, une sensitive d'une délicatesse et d'une fragilité telles qu'un rien

suffit pour lui enlever son influence toute-
puissante sur le développement de son cher
petit. Les hommes intelligents finiront par
trouver un moyen d'obéir à la nature tout en
sauvegardant de si grands intérêts. Plus
loin, je dirai ce que moralement et honnête-
ment on peut écrire à ce sujet.

ALLAITEMENT — SEVRAGE

Dans le chapitre précédent, j'ai à peine
esquissé cette phase si importante des
premiers mois de l'enfant. J'y reviens.

Une mère saine, suffisamment robuste,
doit toujours nourrir son enfant, quelle que
soit sa situation sociale.

Je me rappelle avoir vu, à la Comédie-Fran-
çaise, une jeune pensionnaire âgée de 25 ans
alors, devenue depuis grande tragédienne et
sociétaire, s'empresser, lorsque l'heure de la
tétée était venue, de monter à sa loge où elle
donnait le sein à son petit mignon. L'allaitement purifie la femme en quelque sorte, la
développe et souvent l'embellit. On voit tous
les jours des jeunes filles maigres, pâles,

nonchalantes, devenir, une fois mariées et mères, de jolies femmes actives, appétissantes et dodues. La maternité et l'allaitement les ont transformées.

La montée du lait a lieu du deuxième au troisième jour après la naissance du baby, quelquefois dans le dernier mois de la grossesse.

Le premier lait, *colostrum*, est assez laxatif. Il purge le nouveau-né et lui fait rendre plus facilement les noirs déchets (méconium) accumulés dans ses intestins durant la vie intra-utérine.

L'enfant doit être mis au sein à la fin du premier jour de sa naissance.

La succion même infructueuse du nouveauné a pour excellent effet de développer le mamelon peu à peu et d'éviter la rétraction connue sous le nom *de téton borgne*.

Lorsque l'enfant est né délicat, pesant à peine 2 kilogrammes au lieu de 3 en moyenne, on a souvent besoin d'avoir recours à une ventouse spéciale afin de former le bout du sein. Les seins doivent être lavés, avant et après chaque tétée, avec de l'eau chaude, légèrement salée, rendue aseptique par l'ébullition, puis recouverts d'une gaze spéciale.

Les crevasses, portes d'entrée des microbes infectieux et génératrices des vastes abcès, ne s'y produisent jamais lorsque ces lavages sont faits régulièrement, tandis qu'une seule omission peut être suivie des désordres les plus grands.

Si la nourrice est constipée, elle prendra, deux fois par semaine, *un seul grain de Vals*, le soir en se couchant. L'enfant subit le contre-coup des vicissitudes physiques de sa nourrice. L'alimentation de celle-ci devra être mixte : soupes diverses, lait, viandes, légumes, bon vin (un tiers de litre par repas) et bière de malt ou extrait de malt[1].

L'enfant toit téter, toutes les deux heures, tantôt un sein, tantôt l'autre. S'il dort quand il est temps, on le prend doucement, on porte sa bouche au sein de service et, instinctivement, il tette puis se rendort. Souvent même, durant sa tétée, il quitte et reprend plusieurs fois le sein.

1. Le meilleur est l'extrait de malt Phénix.

Il est des enfants sobres, il en est d'autres
goulus qui aspirent à pleine bouche et vomis-
sent leur trop-plein stomacal à chaque tétée.
Il faut les discipliner en les enlevant du sein
au bout de quelques minutes et l'on évite la
débâcle.

La dernière tétée doit avoir lieu vers dix
heures du soir au plus tard. Puis rien...
rien... absolument rien, de dix heures à cinq
heures du matin.

Le baby est un cher tyranneau qui doit
être réglé, discipliné dès le début. S'il crie
la nuit, on le laisse crier; bientôt il se tait.
L'aspect extérieur et la couleur des selles
indiquent bien que l'enfant n'est pas malade.
Au contraire, si la mère ou la nourrice obéis-
sent à ses caprices, c'en est fait de leur repos
et de celui de ce petit être. Le lait devient
mauvais, mère et rejeton tombent malades.

La nourrice, mère ou mercenaire, doit
prendre deux bains par semaine, très courts
(20 minutes, à 32°); l'enfant chaque jour (lire
plus loin le chapitre spécial).

Nourrice et baby sortiront chaque jour,

par tous les temps (sauf lorsqu'il pleut), qu'il fasse chaud, froid ou qu'il neige. Il faut rechercher les sous-bois ensoleillés, éviter les foules, les voies fréquentées, poussiéreuses.

Il est des mères, des nourrices qui, par gloriole, livrent volontiers les enfants aux baisers de qui le demande « *Voyez comme il est beau... Monsieur... Madame.* » Déplorable habitude qui a permis trop souvent à l'embrasseur de communiquer des maladies honteuses à ce pauvre petit être. En tout cas, ne jamais permettre des baisers de bouche à bouche, si l'on n'a pas le courage de les interdire.

Le sevrage doit toujours être mixte. Autrement dit il faut habituer peu à peu le nourrisson à l'alimentation ordinaire. On supprimera une tétée sur deux durant quinze jours que l'on remplacera par deux tasses à café, matin et après-midi, de *nutrilactine*[1] préparée au lait et des œufs mollets; le seizième jour deux tétées sur trois, soit quatre par

1. Je ne connais pas d'aliment du premier âge plus assimilable, plus nourrissant que la nutrilactine.

jour : le matin, à onze heures, à quatre heures
de l'après-midi et le soir. A la fin de la seconde quinzaine on ne donnera plus le sein
que matin et soir..., puis le soir seulement
dans le but d'arriver à la suppression complète.

Quand doit commencer le sevrage?

Jamais avant la fin du neuvième mois. Cela
varie selon l'état de la dentition. Plus elle
est en retard, plus on doit continuer l'allaitement.

Tels sont les petits conseils utiles que j'en-
gage mères et nourrices à suivre. Intention-
nellement je n'ai pas parlé du biberon. Une
jeune chèvre si l'on ne peut avoir une nourrice.

DES RAPPORTS CONJUGAUX

JUSQU'A LA MÉNOPAUSE OU AGE CRITIQUE
DE LA FEMME.

L'AMOUR dans le mariage est un sentiment et une sensation qui se transforment avec l'âge.

L'homme à trente ans, la femme à vingt, aiment tout autrement que vingt ans plus tard.

Il y a moins de fougue, de fièvre, mais plus de sincère affection, d'attachement véritable, basés sur une communauté d'existence, de peines ou de joies.

Si, dès le début, il y a eu entente, harmonie, délicatesse dans les premières relations, le bonheur sera presque assuré. Dans le cas contraire, l'existence deviendra pour les deux époux une lourde chaîne, quelquefois un supplice véritable supporté par égard pour les enfants, l'exemple à donner et la société ou plutôt le milieu dans lequel on vit.

Formuler un principe absolu sur le sujet qui m'occupe serait le comble de l'absurde.

Pour mieux frapper l'esprit du lecteur, je vais lui présenter quelques esquisses des mariages *les plus communs*.

I. Une jeune fille est en âge de nouer les nœuds de l'hymen. On lui présente un jeune homme prévenant, aimable, séduisant si vous voulez. Sauf l'attrait de la curiosité, l'éveil des sens, rien ne l'attire vers lui. Avant la première entrevue, les questions capitales (*sic*) ont été débattues, profession, position dans le monde, fortunes, relations, etc., etc. L'union plaît aux deux familles. Une première rencontre a lieu dans une soirée ou un bal d'amis. Le lendemain de la présentation, la mère dit à sa fille, laquelle se doute bien de ce dont il s'agit, mais ne veut pas montrer sa perspicacité :

« T'es-tu bien amusée chérie? Je t'ai vue danser bien souvent avec un jeune homme de bonne famille, dit-on, et fort bien élevé.

La Fille. — Ah! en effet, il a plusieurs fois demandé à être mon cavalier, faveur qui lui a été du reste accordée.

La Mère. — Comment le trouves-tu?

La Fille. — Je ne l'ai pas très bien examiné, mère; mais il ne me déplaît pas.

La Mère. — Eh! chérie, tu es bien grandette maintenant. Tu auras bientôt vingt et un ans, etc., etc. »

Le prétendant, s'il est cristallisé, comme dirait Stendhal, est très vite enthousiaste et plus démonstratif, cela va sans dire.

Les têtes fortes de chaque côté étudient la situation. — Une réunion capitale a lieu. Ce mariage serait très convenable.... Bref, les parents décident de donner suite à leurs projets.

Les entrevues se succèdent. La fiancée est charmante, on lui donnerait le bon Dieu sans confession : bien fin qui lui trouverait un défaut.

D'autre part, le fiancé est l'homme le plus accompli de France et de Navarre. Chaque parti vante sa marchandise. Ainsi se passent souvent les préliminaires. Un mois après, vient la première nuit de noces entre deux êtres qui doivent s'aimer par recommandation ou intérêt, l'un pour plaire à maman, faire la dame, l'autre pour arriver à la fortune et parader dans le monde. Si, soucieux de l'avenir et de son bonheur conjugal, l'époux sait modifier les rôles ; si, envisageant la situation avec intelligence, il veut enfin que l'attraction précède l'union intime et ne pas uniquement jouir de plaisirs autorisés par monsieur le maire, tout ira pour le mieux. Il deviendra l'amant de sa femme, qui aura bientôt pour lui toutes les attentions et les chatteries d'une maîtresse aimante et dévouée.

S'il en est autrement, la fièvre des désirs passera vite ; le dégoût et la satiété chasseront brutalement l'amour.

Monsieur vivra de son côté, Madame du sien, à moins que quelque gros scandale

n'amène une séparation imposée par les lois
sociales.

II. Un homme blasé, saturé de plaisirs
faciles, rêvant débauche, scènes lascives, orgies de lupanar, transporte à la couche nuptiale ses honteuses habitudes invétérées. S'il
n'a pas su, à l'avance, se faire aimer un peu ;
surtout si, dès le premier jour, il ne sait
mettre un frein à ses débordements de luxure,
il recueillera bien vite le fruit de son infâme
conduite.

Certaines femmes, il est vrai, aimantes et
ingénues, se plient à tous les caprices de
l'époux, qui bientôt les délaissera.

D'autres, Messalines passionnées, éhon-
tées, véritables victimes de leur délire amoureux, nymphomanes dont la lubricité revêt
toutes les formes, acceptent avec empressement toute pratique donnant satisfaction à
leur ivresse sensuelle.

En dehors de ces êtres dégradés, il y a encore d'autres jeunes femmes dont la complai-
sance servile envers leur mari a pour causes
la naïveté, l'ignorance la plus complète, un

défaut d'instinct génital. On me comprend.

Le mariage doit donc être un échange de concessions réciproques. Combien de nœuds formés en apparence dans les plus heureuses conditions dureraient toute la vie, si les époux se soumettaient à cette loi!

L'âge du mari, le commerce de la vie, lui donnent de grands avantages. De lui dépend en quelque sorte la conservation de son bonheur passé. La jeune femme est comme une terre vierge, avide de produire, qui rendra au centuple la semence jetée dans son sein.

Est-il doux, honnête et bon, elle suivra ses conseils, aimera son guide, s'élèvera bientôt à sa hauteur et pourra lui faire sentir sa bienfaisante influence. Elle acceptera facilement son infériorité relative et momentanée, pourvu que, par sa prudence, son tact et son affection, son mari ait soin de ne pas imposer brutalement sa manière de voir, sa volonté bien arrêtée.

Dans les relations, dans l'intérieur, en présence des amis ou des domestiques, la femme doit toujours être considérée comme la souveraine honorée et respectée de la maison.

Peu ou point de caresses devant le monde.

Au lit, elle trônera en maîtresse absolue, despote même au besoin. Son intelligence, son cœur, la santé de son mari-amant, l'intérêt de la famille, doivent être ses seuls guides, pour accorder ou refuser ses faveurs, quand bien même elle devrait en souffrir elle-même.

Est-il ardent, voluptueux, une sage politique de résistance et d'abandon assurera leur bonheur. Des concessions trop faciles pourraient altérer la santé des deux et diminuer le prix des plaisirs consentis. La réciproque doit avoir lieu de la part du mari, lorsque la femme subit par trop facilement l'influence de ses désirs.

Deux époux intelligents, mais d'une complexion amoureuse exagérée, arriveront bien vite à la saturation, à l'épuisement de leurs forces.

Une femme vive, ardente, instruite, se trouvera bien d'un mari plus froid, expérimenté, plus maître de ses sens, qui saura modérer les excès de cette passion, et la contenir dans de justes limites pour le plus grand avantage de la conservation de leur santé et de l'intérêt des enfants.

La boutade de Napoléon Ier à Mme de Staël est d'un despote, d'un conquérant avide de combats livrés dans le but de satisfaire sa trop coupable ambition. Elle n'est ni d'un mari, ni d'un père de famille. Non! la femme n'est pas créée exclusivement pour faire des enfants, et mener la vie végétative!

A plusieurs reprises il m'est arrivé de recevoir les confidences suivantes :

« Docteur, je suis le plus malheureux des hommes. J'aime ma femme. Elle a tout ce qu'elle peut désirer : logement coquet, table bien servie, bals, théâtres, etc., et, malgré tout, elle s'ennuie toujours. J'ai beau lui en demander la cause. « Ce n'est rien, dit-elle « invariablement. Ces maudits nerfs me font « souffrir. » Elle ne dort pas. ses yeux brillent d'un éclat maladif au fond de leur orbite cernée de bistre ; bref. il me semble la voir s'étioler tous les jours. »

Ce malheureux époux lui donne tout ce

qu'elle ne désire pas, mais qu'elle désirerait ardemment. peut-être, si elle en était privée. Pour lui, sa femme est une énigme.

Dans un cas de cette nature, je m'empressai d'aller rendre visite à l'un de ces gracieux sphinx en jupons ; je trouvai une vraie chatte malgré tout, pomponnée, bichonnée, blottie avec grâce dans le fond de sa bergère.

Après une causerie médicale sur ses souffrances à peu près imaginaires, j'allai de ma petite tirade préparée à l'avance.

« Ce ne sera rien, madame ; vous avez tout ce qu'il faut pour recouvrer bien vite la santé. Le pays est charmant, votre demeure ravissante, votre enfant bien gentil, votre aimable mari vous aime : vous devez être heureuse malgré votre mal.

— Oh ! oui, je suis heureuse ! (Avec quel accent indéfinissable elle prononçait ces paroles !) Je suis heureuse. mais je m'ennuie ! je m'ennuie !!! »

Combien d'autres comme elle !

Explication. Sa vie est trop calme : elle se laisse aller au courant insensible de cette eau dormante. Son mari revient harassé, mais heureux de ses brillantes affaires ; au logis il demande le calme et le repos pour réparer les forces d'une journée bien remplie et agitée. Il vit ; elle végète dans son oisiveté et sa nonchalance. Elle sent que, pour lui, elle est tout simplement une femelle plus ou moins choyée chaque nuit, un prétexte à plaisirs exquis et modérés. Elle étouffe de passion contenue, d'uniformité dans sa vie, de bien-être constant ; elle rêve après une chimère, un idéal qui ne ressemble guère à son époux. Il faudrait de temps en temps une petite tempête dans cette existence terne, régulière, monotone.

Un autre type est celui de la liseuse de romans plus ou moins moraux. Que d'hommes ont dû la perte de leur bonheur, la destruction de leurs espérances, à l'influence fatale de certains pamphlets vides de sens, mais riches de hardiesse incroyable, d'images brillantes présentées dans un style harmonieux, chaud et coloré ! Le mari fera bonne garde, et, sans rien dire, cachera, brûlera même ces livres empoisonnés.

La lecture des épopées campagnardes et bourgeoises du romancier français le plus connu du monde entier, excitant la gaieté et le rire par ses crudités gauloises, son style souvent trivial, sera sans effet sur l'imagination d'une jeune femme.

Elle rira et sera désarmée.

Il n'en est pas de même de ces ouvrages sans nom, soufflant la discorde à chaque ligne, prêchant la guerre à outrance dans les ménages, dont le spécimen le plus connu et le plus fameux est celui qui a pour titre *Lélia*. Tout homme soucieux de son honneur les bannira sans rémission, à moins que sa femme n'ait soixante ans.

DE L'ONANISME CONJUGAL

PRATIQUÉ

POUR LIMITER LE NOMBRE DES ENFANTS

INFLUENCE SUR LA SANTÉ[1]

L E trop d'enfants et le peu gâtent le jeu. Malthus a dit : « Lorsque l'aisance pénètre dans une famille, le chef de la maison éprouve le désir de limiter le nombre de ses enfants. » N'en déplaise à messieurs les Anglais et les Américains, cette proposition est vraie et salutaire. Il serait même à désirer qu'il n'y eût pas plus de quatre enfants par famille.

1. Voir plus loin le chapitre sur les *causes de la dépopulation*.

Les grossesses nombreuses épuisent les femmes, les exposent à mille maux, sans compter celui de voir leur mari les fuir. Les maladies organiques de la matrice sont bien plus fréquentes chez elles, en raison du travail exagéré de l'appareil génital.

Qui oserait soutenir qu'une mère trop féconde pourra prodiguer au même degré à tous ses enfants, les soins si nécessaires à leur développement physique et intellectuel?

D'un autre côté, si les ressources du ménage sont très modestes, leur éducation, leur instruction, leur bien-être, subiront de graves atteintes. Il est aussi prouvé, par des statistiques consciencieusement établies, que la mortalité et la prostitution augmentent avec le nombre d'enfants par famille.

En Allemagne et en Angleterre, il meurt pas mal d'enfants; en France, un peu moins. Quant à la prostitution, la Prusse, cela est connu[1] laisse bien loin derrière elle les autres pays de l'Europe, même l'Angleterre. Il faut

---

1. Depuis 1872 de grandes réformes ont amélioré ce triste état de choses.

aussi tenir grand compte du caractère, du genre de vie des indigènes, de la richesse d'un pays, pour arriver à la solution de cette haute question.

L'Anglais, l'Allemand du Nord, sont condamnés à l'émigration s'ils veulent arriver à la fortune, en raison de l'accroissement constant de la population et de l'encombrement de toutes les carrières.

En France, on est loin d'aimer à s'expatrier. Le pays est si beau ; il rend presque toujours avec usure le peu qu'on lui a confié ; et puis nous avons fort peu de goût, à tort il est vrai, pour l'étude des langues étrangères. L'ensemble de ces raisons péremptoires explique pour quels motifs il y a moins de grandes fortunes en France, mais aussi moins de misère.

Donc, dans l'intérêt de la femme, de la famille, de la société, de l'État, il vaudrait mieux avoir un nombre convenable d'enfants robustes et instruits, au lieu d'une nuée de rejetons destinés à aller errer dans tous les pays, pour ne pas mourir de faim dans leur patrie.

De la louable préoccupation de laisser à chaque enfant une part convenable du patrimoine acquis, est née l'habitude souvent funeste de l'onanisme conjugal.

Sous le prétexte de limiter la famille, le mari et la femme se laissent aller à des pratiques pernicieuses pour leur santé. En effet, par un usage répété, ils acquièrent une certaine perfection, une grande habileté, qui leur permettent de retarder, sans se compromettre, le moment de la volupté. Il en résulte une dépense plus grande de fluide nerveux et un affaiblissement considérable.

La répétition fréquente de jouissances peu compromettantes pour leur intérêt direct fait naître une habitude irrésistible qui les expose aux conséquences de la masturbation chez les enfants.

Il ne m'appartient pas d'indiquer les moyens d'empêcher la fécondation tout en accomplissant normalement l'œuvre de chair. Les considérations précédentes sur la période favorable à la fécondation les feront deviner.

Avec les années, les rapports sexuels doi-

vent diminuer de fréquence. Il faut savoir
obéir à la nature et ne pas se procurer d'excitation artificielle : je n'ai aucune prescription
positive, absolue. à donner. En effet, l'on
comprend que la force. le tempérament, la
bonne nourriture doivent influer beaucoup
sur les désirs. Là où commenceront les excès
pour certaines personnes. d'autres auront
à peine senti les premières atteintes de la
fatigue.

DE LA
MÉNOPAUSE OU AGE CRITIQUE

DE L'ÉROTISME OU FOLIE AMOUREUSE
QUE L'ON OBSERVE
A CETTE PÉRIODE DE TRANSITION

PAR ménopause, on entend la cessation complète, définitive du travail ovarique, de la ponte des ovules, de l'apparition normale des règles.

Cette période franchie, la femme n'a plus de sexe, pour ainsi dire. Elle ne vit plus, au point de vue génital, que par le souvenir et les habitudes acquises.

Mais cette métamorphose ne s'accomplit

pas sans avoir un écho profond sur l'ensemble de son organisme, sans laisser quelquefois dans sa constitution des traces très marquées. Les fonctions respiratoires, entre autres, sont complètement modifiées.

Fidèle à la ligne de conduite précédemment tracée, je mentionnerai seulement, parmi les accidents fréquents, les pertes abondantes utérines ou bronchiques, l'anémie transitoire, les troubles intellectuels et cérébraux.

Un seul de ces accidents va faire l'objet d'un examen sérieux. On lui a donné le nom d'érotisme de la ménopause, folie amoureuse, excitation anormale du sens génital. Cette affection n'est pas très rare.

Il y a des circonstances délicates où le médecin devient le confident de souffrances intimes qui troublent à la fois l'équilibre organique et les sentimaux moraux.

Cette étroite union qui enchaîne et asservit, dans une certaine mesure, l'être pensant aux instruments de la vie, peut se traduire, dans l'état morbide, par des désordres intellectuels ou des anomalies instinctives qui échappent au contrôle et à la domination de la force morale. Dans ce cas, une double mission incombe au médecin : tout en cherchant à rétablir l'harmonie détruite, il devra souvent éclairer et rassurer les consciences inquiètes. Ce trouble de l'instinct génésique est probablement plus commun que n'autoriserait à le supposer le silence des gynécologues. On comprend d'ailleurs que bien des motifs peuvent engager les femmes à garder le silence sur un point aussi délicat ; il y en a qui regardent comme une imperfection morale ces excitations anomales du sens génital qui constituent un état morbide ; beaucoup se contentent de lutter en silence, ou d'autres s'abandonnent aux entraînements de leur passion, sans consulter le médecin, qui souvent pourrait intervenir d'une manière utile.

Chez un certain nombre de femmes, le sens génital ne s'éveille que tardivement, tandis que chez d'autres il devance la puberté ; et l'on voit des enfants non menstruées éprouver et manifester des désirs précoces, qui s'adressent parfois aux gens les moins faits pour

les inspirer. J'ai reçu les confidences de
mères épouvantées de ces dispositions, qui.

trop souvent, aboutissaient à des excès solitaires et qui, plus tard, faisaient place à l'hon-

nèteté la plus pudique et à la vertu la plus
irréprochable.

Ainsi, aux approches de la vie menstruelle,
quand l'appareil génital va révéler son aptitude fonctionnelle, des excitations anomales
peuvent se manifester dans la partie du centre
nerveux où se centralisent les sensations et
les instincts qui appellent ou encouragent
l'exercice de cette fonction. Il est curieux de
voir à l'autre extrémité de cette période de la
vie, quand l'ovaire va rentrer dans le silence,
quand l'appareil générateur va s'atrophier et
ne comptera plus dans l'organisme, quand
la vie individuelle subsistera seule, survivant
à la vie de l'espèce, il est curieux, dis-je, de
voir ces mêmes exagérations sensorielles se
reproduire en dehors du but qui les explique.
Ainsi des phénomènes analogues se manifestent au moment où le lien qui unissait cet
appareil à la vie générale va se briser, comme
au moment où il se noue.

Le premier fait qui appela mon attention
sur ce point remonte à vingt-cinq ans. Je
voyais, avec mon excellent maître Pa..., une

dame mélancolique, âgée de quarante-six ans environ, dont la folie aboutit, peu de temps après, au suicide. Une de ses amies, personne de la vertu la plus austère et la moins suspecte, me confia que cette pauvre femme était complètement abandonnée par son mari, qui, depuis plusieurs années, n'avait eu aucune relation avec elle; que, dans ces dernières années, cette privation, jusque-là bien supportée, était devenue pour la malade une cause de vives souffrances, et cette femme ajouta : « J'étais veuve à cette période de ma vie, et je sais ce que j'ai souffert. »

Je n'eus pas l'occasion d'approfondir cette situation; c'était la seconde fois que je voyais la malade; elle allait beaucoup mieux, me disait-elle, et ses idées noires s'étaient dissipées. A ma visite suivante, en approchant de sa maison, j'appris qu'elle venait de se précipiter du troisième étage et qu'elle était morte instantanément.

Peu de temps après, je fus consulté par une dame anglaise, âgée de quarante-huit ans, femme d'un clergyman de Londres et mère de huit enfants. Elle avait souffert, quelques années auparavant, d'une métrite catarrhale, pour laquelle on lui avait fait subir plusieurs traitements.

Depuis sa maladie, elle avait cessé de cohabiter avec son mari. Cette dame se plaignit d'abord de dyspepsie, de constipation; mais, au bout de quelques jours, elle m'avoua que sa maladie principale consistait en spasmes érotiques qui se répétaient plusieurs fois par jour, sans aucune provocation de son imagination, et sans qu'elle pût même les réprimer. Un jour, étant avec elle et une de ses amies, je fus témoin d'une de ces crises : elle marchait dans la chambre, elle s'arrêta tout à coup, rougit; ses yeux devinrent fixes, un léger tremblement agita ses membres, et sous elle s'échappa une sécrétion liquide sécrétée par les glandes vulvo-vaginales. Cette malade n'était qu'accidentellement à Paris. Cette affection lui inspirait une tristesse profonde. Entourée d'une famille respectable, de filles déjà mères à leur tour, elle n'avait osé en confier le secret à son médecin habituel qui, ne voyant là qu'un état nerveux, lui avait conseillé un voyage sur le continent. Je lui donnai quelques directions et la perdis de vue. J'avais obtenu une amélioration dans l'état des organes digestifs, et la malade, se sentant mieux, quitta la France. Depuis, je n'ai pas eu de ses nouvelles. J'ai cité ce fait avec quelques détails, parce qu'il offre la maladie sous son type le plus accentué. Il y avait chez cette dame non seulement des désirs, mais des jouissances involontaires, on pourrait dire des pollutions diurnes. Je rapporterai deux autres faits qui nous montrent la même affection sous des formes peu différentes.

Une dame, qui a aujourd'hui cinquante ans, avait eu un enfant à l'âge de vingt-deux ans; depuis lors, d'après le conseil très peu motivé d'un médecin, elle avait vécu privée de toutes relations sexuelles, pour ménager, lui avait-on dit, la délicatesse de son mari. Celui-ci était un hypocondriaque et très préoccupé de sa santé; il avait accepté cette séparation qui lui avait été présentée comme une condition de sa conservation. Cette femme, ornée de tous les dons de la nature, entourée de toutes les séductions du monde, avait vécu de la manière la plus austère, et ne s'en faisait aucun mérite, car elle n'avait jamais senti l'aiguillon des passions. Elle avait eu des antécédents arthritiques dans sa race, et avait présenté elle-même quelques très légères manifestations herpétiques, bornées à un ptyriasis passager; ces lésions cutanées furent remplacées par une affection que j'ai observée plusieurs fois chez les femmes. Elle souffrit, pendant plusieurs années, d'une irritabilité telle de la vessie qu'elle ne pouvait résister aux besoins d'uriner, qui se faisaient sentir à des intervalles très rapprochés, et très souvent dans la journée. Chomel, qui lui donnait alors des soins, constata une antéversion un peu exagérée de l'utérus, lui prescrivit l'usage d'une ceinture à plaque qu'elle supporta mal et qui ne lui apporta aucun soulagement. Tenant compte des manifestations herpétiques, héréditaires chez elle, il lui conseilla quelques bains légèrement sulfureux.... Pendant sept à huit ans, malgré des épreuves très pénibles et un dévouement pour les siens, qui lui imposait parfois des fatigues au-dessus de ses forces. cette dame jouissait d'une santé en apparence florissante. Jusque-là, mince et élancée, elle prit de l'embonpoint; et en même temps les glandes mammaires acquirent chez elle un développement incommode. Elle était sujette cependant à des douleurs et à des sensations de pesanteur dans la région sacro-lombaire. qui s'exaspéraient au voisinage des époques menstruelles et devenaient quelquefois assez violentes pour lui commander le repos. Elle avait environ quarante-six ans: les règles devinrent très abondantes; une fois, des accidents pelvipéritoniques de courte durée vinrent compléter ces malaises qu'elle n'avait pas assez écoutés. Les conditions de sa vie de famille devinrent de plus en plus pénibles, et. sous l'influence de ces causes physiques et morales réunies. la nutrition s'altéra: elle continua à engraisser plutôt qu'elle ne maigrit. mais une teinte anémique s'accusa sur

les lèvres et les gencives, et elle éprouva
quelques phénomènes dyspeptiques auxquels
s'ajoutèrent des douleurs vives sur le trajet
du nerf sciatique droit. Ayant pratiqué alors
le toucher, je constatai que l'utérus était
appliqué contre le pubis et qu'une tumeur
d'apparence fibreuse, grosse comme une
petite pomme, adhérente à l'utérus, occupait
le cul-de-sac postérieur. Je prescrivis des
applications narcotiques qui atténuèrent beaucoup cette névralgie. Vers cette époque, cette
dame me confia que son instinct génésique,
qui, jusque-là, avait semblé dormir dans
l'inaction, s'était éveillé avec violence à la
suite de bains d'Ems qu'elle avait pris par
occasion et sans mon conseil, y étant allée
pour accompagner son mari; ces excitations
étaient devenues pour elle un véritable supplice, se faisant sentir surtout quand elle
était couchée. Elle se levait, marchait une
partie de la nuit sans pouvoir les apaiser
ni les oublier, et une ou deux fois un léger
attouchement, presque involontaire, après
des luttes de plusieurs heures, avait amené

une crise voluptueuse qui l'avait laissée
plus calme, mais épuisée, anéantie, brisée.
Sa vertu sévère lui interdisait d'ailleurs
tout ce qui pouvait exciter ses sens, et en
dehors de ces accès de fureur érotique, son
imagination n'était hantée que par les pensées
les plus chastes et les plus pures; elle se
reprochait ces sensations et ces désirs sur
lesquels sa volonté restait sans contrôle ;
elle s'en trouvait humiliée et profondément
affligée; ces tourments, qui l'empêchaient de
dormir, la torturaient depuis plusieurs mois,
et elle n'avait pas osé jusque-là m'en faire
l'aveu. En la rassurant sur la responsabilité
que sa conscience pouvait assumer dans ces
sensations involontaires, je lui prescrivis un
traitement rationnel.... J'obtins assez rapidement sinon une extinction complète, du
moins un apaisement considérable de ces
symptômes pénibles. L'anémie avait fait des
progrès considérables sous l'influence de
l'insomnie et de ces dépenses nerveuses de
toutes sortes subies par la malade; craignant
qu'elle ne contribuàt à augmenter et à entre-

tenir les aberrations et l'excitabilité exagérée du système nerveux, je changeai la médication....

La malade reprit de l'appétit, des forces et des couleurs; les douleurs lombaires et sciatiques s'apaisèrent sous l'influence de la fatigue, de la station prolongée, du molimen cataménial; la malade en subissait de temps en temps quelques retours, mais elles étaient beaucoup plus supportables. Pour prévenir l'excès de la congestion utéro-ovarienne, qui se traduisait par l'exagération et par des douleurs lombo-pelviennes, je faisais garder à la malade la position horizontale pendant la durée de ses règles. Depuis cette époque, il y a cinq ou six ans environ, la malade, qui a aujourd'hui cinquante ans, a retrouvé la santé: elle a bien encore éprouvé parfois quelques ressentiments affaiblis de ses misères, mais alors un traitement convenable l'a maintenue dans un équilibre satisfaisant, quoique des épreuves de tout genre soient venues l'assaillir, sans compromettre sérieusement son rétablissement

Je suis entré dans des développements un peu étendus à propos de cette malade, parce que depuis vingt-trois ans elle est soumise à mon observation, et que j'ai pu connaître les détails intimes de sa situation mieux qu'il n'est ordinairement possible au médecin de le faire.

Ma dernière observation sera plus courte. La malade n'habite pas Paris : je ne l'ai vue qu'en passant, et je ne la connais pas assez pour affirmer les conditions morales dans lesquelles elle se trouve, comme je puis le faire pour celle dont je viens de rapporter l'histoire et qui, dans une confiance confirmée par une amitié de vingt années, n'a pu me cacher aucun de ses secrets.

Cette dame, qui a aujourd'hui une cinquantaine d'années, a été mariée à un homme valétudinaire, dont pendant de longues années elle fut la garde-malade plutôt que la femme. Cette situation développa chez elle, comme cela a lieu habituellement, une disposition névropathique à expression variable et mobile. Elle devint veuve vers l'âge de quarante ans, et, quand la menstruation commença à se troubler, les désordres d'innervation se localisèrent dans l'appareil générateur et présentèrent la forme singulière que je vais décrire. Sans aucune provocation de l'imagination, sans excitation venue du dehors, au milieu du monde, à table, pendant le cours d'une conversation banale, elle était prise de spasmes érotiques qui duraient parfois plusieurs heures, et la rendaient presque étrangère à ce qui l'entourait; elle entendait sans comprendre, répondait sans avoir une conscience nette de ce qu'elle répondait, ne voyait plus; sa figure s'empourprait, la peau se couvrait de sueur, et elle sortait de ces crises voluptueuses involontaires, brisée, anéantie. Il lui est arrivé, faisant des voyages en chemin de fer, d'éprouver douze heures de suite, presque sans interruption, ces sensations érotiques, suivies d'un épuisement tel qu'elle ne pouvait se soutenir qu'avec peine, et était obligée de garder le lit.

Les fonctions nutritives s'altérèrent, bien

qu'elle conservât de l'embonpoint ; elle devint très anémique, très faible ; elle était désespérée de cette situation qui lui faisait prendre la vie et elle-même en dégoût. Ne dirigeant cette malade que de loin et ne correspondant avec elle qu'à des intervalles éloignés, je ne parvins pas à lui inspirer cette persévérance et cette exactitude dans l'emploi des moyens thérapeutiques qui seuls peuvent assurer le succès, surtout quand ils s'adressent à des affections de cette nature. Les spasmes érotiques devinrent plus rares, et la nutrition s'accomplit plus régulièrement ; mais la malade, ne voulant pas répéter à un médecin qu'elle voyait habituellement, les confidences qu'elle m'avait faites, brisa son traitement ou l'entremêla d'autres prescriptions qui, faites dans l'ignorance de l'élément principal de la maladie, n'étaient pas appropriées à sa situation. Aussi, l'amélioration, quoique très notable, demeura stationnaire, et la malade, plus calme au point de vue des excitations génésiques, continua à souffrir encore de troubles névropathiques variés.

J'ai été consulté, en 1870, par une femme de quarante-cinq ans, d'une conduite austère, et qui avait très peu usé des relations sexuelles, quoique mère de six enfants. Elle avait eu le dernier il y avait six ans, et depuis lors elle s'était complètement abstenue de tout rapport conjugal; avant cette dernière couche, elle avait été traitée par Jobert pour un engorgement de l'utérus qui l'avait d'autant plus préoccupée que sa mère avait succombé à un cancer utérin.

Depuis quelque temps, cette dame était tourmentée par des troubles nerveux; ses règles, qui venaient régulièrement, étaient précédées, pendant cinq à six jours, de gonflement, de douleur et de sensibilité exquise des seins; elles étaient suivies de leucorrhée abondante. Depuis quelque temps, quand son mari venait la caresser sans accomplir l'acte conjugal dont il redoutait les conséquences, elle, qui jusque-là avait été plutôt froide qu'entraînée vers les plaisirs sexuels, éprouvait une excitation violente suivie d'un sentiment d'épuisement qui durait pendant deux ou trois jours; elle ressentait alors de la faiblesse des jambes, des douleurs et des tremblements à la partie antérieure des cuisses, de la sensibilité et de la douleur dans la région iliaque droite.

Dans ces conditions, elle fit un voyage à la Bourboule pour y conduire sa fille; elle prit les eaux en bains et en injections ; elle éprouva alors une excitation génésique excessive et portée à un degré tout à fait inconnu pour elle. Elle ne pouvait dormir; l'instinct génésique s'emparait de son imagination et la ramenait sans cesse au souvenir de scènes conjugales qui lui avaient bien moins causé d'émotion quand elles s'étaient accomplies. Elle passait des nuits entières à se promener avec la sensation d'un poids et d'une contraction dans l'utérus. Elle sentait qu'elle avait une matrice, dit-elle, tandis que jusquelà elle ne s'en doutait pas. Elle éprouvait, en outre, un insupportable prurit au pénil et au clitoris, et était entraînée à se gratter avec fureur.

Quelques jours après son retour des eaux.

ces symptômes se modérèrent sans s'apaiser complétement; elle accusait toujours une douleur dans la région iliaque. L'examen des organes génitaux ne me fit constater aucune rougeur ni aucune affection herpétoïde de la vulve. La nymphe droite (grande lèvre), était un peu allongée, gaufrée et enroulée, caractères qui témoignaient qu'elle avait été soumise à des tiraillements.

L'utérus était volumineux, antéfléchi à son fond; l'orifice béant bavait un mucus visqueux et transparent, je lui conseillai, etc.... Je n'ai pas revu cette malade, et j'ignore si mes prescriptions lui ont été utiles. J'ai rapporté, dans leur expression naïve, les sensations qu'elle éprouvait et qui répugnaient à la pureté de ses principes....

Pour résumer les observations que j'ai recueillies sur ce sujet, je dirai qu'aux approches de la ménopause, des femmes qui jusque-là avaient des instincts érotiques modérés. ou qui même avaient de l'indifférence pour les rapports sexuels, sont parfois tourmentées par des excitations génésiques violentes, in-

supportables, que le séjour au lit augmente
quelquefois; mais d'autres fois, elles se font
sentir pendant le jour, en dehors de toute
provocation extérieure, de tout entraînement
de l'imagination, dans les circonstances
mêmes qui sembleraient devoir écarter ces
aberrations sensitives. C'est au milieu de
leur famille, de leurs enfants, debout, en voi-
ture, au milieu d'étrangers, que ces sensations irrésistibles viennent chercher les malades, accompagnées ou suivies d'impressions
vpluptueuses. Ces crises érotiques peuvent
être de très courte durée et se répéter plusieurs fois dans la journée; elles peuvent
durer plusieurs heures. En général, le voisinage de la période cataméniale les augmente,
les rend plus fréquentes. Ces espèces de
pollutions féminines fatiguent les malades,
les épuisent, et sont habituellement accompagnées de troubles névropathiques, tels que
des névralgies, de l'hypocondrie, de l'hysté-
ricisme; la tristesse, les scrupules, le dégoût
de la vie, en sont la conséquence habituelle.
Telle était, du moins, la disposition morale

des malades que j'ai observées. Comme dans la plupart des névroses, la fonction hémato-poiétique (qui fait le sang) s'altère; des signes d'anémie s'accusent plus ou moins, suivant la durée et l'intensité de la maladie, et cette anémie secondaire, comme dans les autres névroses qu'elle vient compliquer, prolonge et augmente les troubles d'innervation par une sorte de cercle vicieux. Quoique la gas-tralgie et la dyspepsie viennent ordinaire-ment s'ajouter aux autres anomalies fonc-tionnelles, les malades peuvent conserver de l'embonpoint. J'ai noté chez plusieurs un développement considérable des glandes mammaires, et je me suis demandé s'il ne pouvait pas avoir quelque connexion avec l'excitation exagérée de l'appareil génital, car tout le monde sait que, dans l'état physiolo-gique, les excitations de l'appareil utéro-ova-rien réagissent sur les mamelles, et récipro-quement.

Chez la plupart des malades qui m'ont pré-senté cette vésanie génitale, j'ai constaté ou l'on avait constaté antérieurement des lésions de l'appareil générateur. Chez une des malades dont j'ai rapporté l'observation, un engorgement de la matrice avait motivé des cautérisations profondes suivies d'atrésie de l'orifice utérin; chez une autre existait une tumeur fibreuse adhérente à la face postérieure de l'utérus. Chez les sujets prédisposés aux affections névropathiques, une lésion locale devient souvent le prétexte des troubles d'innervation et en détermine la localisation. J'ai dit en commençant quel rôle on pouvait attribuer à la ménopause dans cette affection; mais, comme je l'ai signalé à cette occasion, d'autres modalités fonctionnelles peuvent la provoquer. J'ai ajouté qu'on l'observait quelquefois à l'époque de la puberté. Elle n'est pas rare chez les femmes mariées qui vivent dans la continence. Cette situation, quand elle a pour cause l'impuissance du mari, amène très souvent des accidents hystériques, quelquefois du vaginisme, et j'ai observé plusieurs cas d'érotisme ou de satyriasis féminin développés sous l'influence de cette condition anomale. Les excitations non satisfaites, qui en sont le résultat, produisent des troubles d'innervation, et plus d'une fois j'ai été consulté par de pauvres femmes tourmentées par ces appétits sexuels qui indignaient leur vertu ; j'en ai vu qui cherchaient dans l'épuisement des fatigues physiques, dans un régime austère, un calme qu'elles n'y trouvaient pas ; et, alors, honteuses de l'aveu qu'elles étaient obligées de faire, elles réclamaient le secours de la médecine [1].

Je dois à l'obligeance d'un de mes amis la connaissance de l'observation suivante qui offrira au lecteur le type le plus accentué des accidents érotiques de la ménopause. Je transcris la note remise.

Quelques mois après mes débuts, je fus mandé auprès d'une femme de cinquante ans environ, célibataire, ayant encore des règles assez régulières, qui n'avait jamais donné en aucune façon prise à la médisance (je l'ai su depuis).

1. Les pages précédentes ont été prises en majeure partie dans la *Gazette hebdomadaire*. — (Articles du Dr N. GUENEAU DE MUSSY.)

D'une intelligence assez bornée, elle se plaignait de douleurs dans les reins et le bas-ventre, sans pouvoir bien en rendre compte, avec ardeur et cuisson des parties génitales. Bientôt l'urine devint rare, mais le besoin d'uriner presque constant. Je prescrivis un traitement sédatif et des bains calmants. Quelque temps après, cette femme accusa des sensations, des envies particulières qu'elle n'avait jamais eues : elle se plaignit de spasmes, de crampes, de convulsions. Elle faisait des rêves impossibles, disait-elle, était tourmentée par des désirs inconnus jusque-là. Tous ces accidents me parurent nerveux, ou du moins je jetai ce voile sur mon ignorance. Le traitement prescrit ne produisit, pour ainsi dire, aucun résultat. La malade changeait à vue d'œil. A chaque visite, le matin, ses yeux me semblaient plus brillants, plus enfoncés. Je lui donnais mes soins depuis un mois, lorsqu'un soir l'on vint me chercher en toute hâte. En présence d'une de ses amies. ma malade venait d'avoir, disait-on, une attaque. Je m'empressai d'accourir et j'assistai à un accès hystérique des plus évidents, avec spasme cynique des plus marqués. Je commençai alors à entrevoir la vérité.

Le lendemain, après avoir pris mille formes oratoires pour savoir les débuts de l'attaque, j'acquis la conviction que la grande scène hystérique avait été précédée de sensations voluptueuses très intenses.

Les accès hystériques se répétèrent malgré tous mes efforts. Il ne se passait plus de jour qu'on ne vînt me quérir dans la crainte de voir cette vieille fille succomber. Son regard excitait la compassion. Dans ses bons moments, son attitude triste indiquait le désespoir et la crainte de devenir un jour victime de cette lutte atroce.

Pendant ce temps, l'anémie et le chagrin continuaient leurs ravages. Elle en vint au point de pouvoir à peine marcher. Vainement j'avais essayé, à plusieurs reprises, de la soumettre à l'hydrothérapie. L'idée seule de se voir sous la douche froide ou dans le maillot humide lui donnait des frissons.

Il y avait six mois que durait cet état, sans

amélioration sensible pour la malade, ni satisfaction pour le médecin.

J'avais mis à contribution tout l'arsenal des antispasmodiques, antinerveux et autres. Seuls, les bains sédatifs avaient paru avoir quelque influence momentanée.

De guerre lasse, un certain jour, j'arrivai avec la résolution formelle de prescrire le traitement hydrothérapique. Ma malade se promenait dans sa chambre. A ma vue, elle tend les bras, balance la tète avec une mimique horrible de lubricité, et se jette sur moi en me prodiguant les plus tendres baisers. Totalement hébété, je me laissai faire d'abord; mais quand je voulus m'arracher à son étreinte, ses bras étaient devenus comme un cercle de fer. L'orgasme vénérien s'empara d'elle, heureusement, et me permit de me délivrer. L'accès hystérique lui succéda instantanément, simultanément pour mieux dire.

Lorsque la raison fut revenue à la malade, je prétextai une visite urgente et la quittai anéantie et humiliée de son délire amoureux.

Le lendemain, j'imposai, comme condition formelle de la continuation de mes soins, le traitement hydrothérapique. Elle s'y soumit et s'en trouva bien. Deux mois après, ses sens avaient abdiqué. Depuis cette époque, trois ans se sont écoulés, et je ne sache pas que le sens génital lui ait imposé de nouvelles tortures.

DE L'AMOUR

L ES deux époux ont mené une vie sexuelle sage, régulière.

Exempts de maladies et d'infirmités, ils éprouveront, à de longs intervalles, le besoin de se rappeler les plaisirs de leur jeune temps.

Quand on est vieux on s'aime tout autant ; on se le prouve moins souvent, voilà toute la différence (*Monsieur et Madame Denis*).

Pour les vieillards, et surtout à cause du mari, je n'admets que le coït du matin.

Chez eux, en effet, la digestion est plus lente. Au lieu de quatre heures d'intervalle après le repas, il faut en laisser huit au minimum. C'est dans cette limite que l'excitation générale, née des rapprochements sexuels, aura le moins d'inconvénients. Souvent, il est vrai, un bon dîner est la cause de velléités amoureuses ; l'homme âgé s'attachera à maîtriser cette ardeur passagère.

Beaucoup de cas d'apoplexie foudroyante sont dus à l'activité de la circulation provoquée par un coït inopportun.

Les artères des vieillards subissent une altération particulière qui leur fait perdre une grande partie de leurs souplesse, élasticité et résistance. Les parois artérielles deviennent dures, friables, athéromateuses.

Cette altération s'étend aux artères du cerveau. Elle y affecte une forme particulière, l'anévrisme. On comprend facilement alors qu'une suractivité de la circulation, par un orgasme vénérien répété, puisse amener la rupture de cet anévrisme, l'hémorragie, l'apoplexie, et souvent la mort foudroyante.

Je vais examiner maintenant l'amour des vieillards dans deux cas différents :

1° Le vieillard est veuf ou veut se marier sur le tard.

Il n'a jamais surmené ses forces ; la vue de jeunes femmes, leur fréquentation, les plaisirs variés des théâtres, troublent ses nuits solitaires. Des pensées, des images lascives, hantent son imagination. Il n'est pas encore arrivé à cette frigidité qui lui permettra de vivre par le souvenir et de se contenter des plaisirs des yeux. Il veut se marier ; quelle femme prendra-t-il ?

Il faut toujours qu'il y ait harmonie entre l'âge des futurs, jeunes ou vieux ; de huit à dix ans d'intervalle, au moins. La femme vieillit ordinairement plus vite que l'homme. Ce dernier pourra peut-être encore être vert, vigoureux, agréable à voir à soixante ans, tandis qu'une femme de cet âge sera flétrie, ridée, ratatinée.

Il ne suffit pas encore d'assortir des époux d'une bonne constitution, craignez d'unir la jeunesse à la caducité. Junon n'éclaire jamais la couche de pareils époux de ses riants flambeaux. C'est Tisiphone, armée de sa torche

infernale, qui y préside. Voyez cette jeune
femme unie à un homme d'un âge avancé,
elle évite sans cesse ses froids embrasse-
ments, ses baisers lui sont odieux ; telle que
l'Aurore sortant des bras de Tithon, ses joues
sont toujours baignées de larmes. Qu'Atys
fut heureux de n'avoir allumé dans le cœur
de Cybèle que de chastes feux ! S'il eût été
forcé d'essuyer les caresses de cette vieille
amante, il aurait bientôt expiré entre les bras
de cette déesse ; car il règne dans le corps
des vieillards une sécheresse fatale qui tarit
dans les jeunes gens le principe de la vie,
l'humide radical. Dans ces deux âges si oppo-
sés, la liqueur prolifique a des qualités si
contraires, que si de leur concours il naissait
un enfant, l'infortuné traînerait une vie lan-
guissante, et maudirait sans cesse les auteurs
de ses jours....

Si la position de fortune du vieillard lui
permet d'acheter la possession d'une jeune
fille, c'est un libertin ou un imbécile. Dans
les deux hypothèses le résultat final sera le
même. La jeune femme se consolera des

caresses du satyre en prenant un ou plusieurs amants.

Quant au vieil époux, il perdra bientôt, au contact de ce feu ardent, le peu de force et de vitalité qui lui restait. Six mois d'une telle union auront plus débilité son corps que dix ans d'un mariage raisonnable.

2° La femme est veuve, d'un âge avancé ou bien aux approches de la ménopause.

Dans ce dernier cas, il faut tenir compte des considérations particulières dues à la différence du sexe. Elle attendra, si elle a déjà goûté les douceurs de la maternité, qu'elle ait traversé cette phase de son existence. Si elle n'a pas eu le bonheur d'être mère, dans l'intérêt de sa santé, voire même de sa vie, elle devra encore attendre. Tout le monde sait combien est difficile, douloureux et dangereux l'accouchement chez les femmes âgées qui n'ont jamais été mères antérieurement.

Elle recherchera aussi un mari de son âge : dans le cas contraire, elle recueillera bien vite les fruits de sa lubricité.

Si elle parvient à trouver un corps sans âme qui ait consenti à se vendre dans le seul but de se procurer une existence facile et large, elle le verra bientôt l'abandonner à ses désirs inassouvis, et prendre avec des courtisanes, gorgées de ses écus, les plaisirs que sa lubricité avait rêvés. Elle se consumera dans l'attente et la jalousie, et ne pourra trouver aucune amie sincère dans le sein de laquelle elle puisse épancher ses pleurs, ses remords, ses regrets tardifs.

Si, au contraire, elle affiche sa colère et ses prétentions, elle deviendra en peu de temps un objet de risée et de dégoût.

Une opulente vieille ne manquera pas d'adorateurs : son visage sillonné de rides, ses yeux enflammés, ses dents noires, son horrible figure, ne seront pas assez puissants pour les écarter. Si, tourmentée d'une folle passion, elle veut goûter d'un hymen tardif, un jeune amant, ambitieux de ses grands biens, soupirera auprès de ce squelette. La jouissance d'un immense revenu n'empêchera point le dégoût de le suivre dans le lit nuptial ;

il repoussera les ardeurs de son épouse. De là naîtront les pleurs, les plaintes amères, la jalousie et la fureur ; peut-être un poison mortel avancera les jours de l'époux infidèle.

C'en est assez sur ce sujet.

LA PROPRETÉ DE L'ENFANT

LE BAIN. IGNORANCE ET ROUTINE
DES MÈRES A CE SUJET.

EN général l'enfant n'est pas tenu en
état de propreté suffisant même dans les
classes élevées et surtout dans le Midi de
la France. Seules comprennent leur devoir
les mères anglaises. allemandes et quelques Parisiennes. Dans la classe riche.
aisée, les mères anglaises assistent au lavage.
à la toilette de leur baby. à la nursery: les
mères allemandes accomplissent elles-mêmes
cette douce mission: les Parisiennes, sauf
rares exceptions. les livrent aux mercenaires.

Pourvu que l'enfant ait la frimousse rosée, les cheveux bouclés, rarement elles inspectent les dessous.

Il faut toutefois avouer que l'instruction stupide, énervante, inutile donnée aux jeunes filles ne contribue pas peu à ce *statu quo* si contraire aux lois de l'hygiène. Que peut bien faire à une jeune fille, à une mère future que Charlemagne soit mort en 814 et que l'hydrogène se prépare en mettant en présence de l'eau, de l'acide sulfurique et du fer? Ne vaudrait-il pas mieux lui enseigner en quelques leçons pratiques, l'hygiène de la maison, les premiers soins de propreté à donner à l'enfant et au besoin lui apprendre un peu de cuisine. Il y a quelques années, je reçus à ma consultation une jeune institutrice munie du brevet supérieur. Je lui prescrivis l'usage exclusif du lait bu lentement, toutes les deux heures, par quart de litre. Elle se récria fort et me dit qu'avec ce régime débilitant elle ne manquerait pas de devenir encore plus anémique. Je la priai de vouloir me dire la composition du lait. Il me fut impossible d'en tirer une notion précise. Alors je lui exposai la composition du lait et lui fis comprendre pourquoi c'était un aliment complet, le *roi des aliments*, mademoiselle, ajoutai-je. En revanche, elle savait que Jeanne d'Arc avait été brûlée en 1432 et que l'année 1572 avait vu la Saint-Barthélemy.

Le pire fléau du jeune âge c'est la bêtise, la routine des mères jeunes ou mûres. Dans le Midi oriental, on emploie à tout bout de champ, à propos de rien, le « scutet » composé de myrrhe, d'encens et d'alcool, pâte étendue sur de l'étoupe et appliquée sur la partie que l'on croit malade. Au bout de quelques heures cet emplâtre est tellement adhérent qu'il est difficile de l'enlever sans douleur. Souvent sa présence inutile gêne la percussion et l'auscultation. C'est un remède de bonne femme, remède qui a la vie dure et qui fera encore bien des ravages chez la gent infantile.

Écoutez maintenant ce lambeau de conversation :

LE MÉDECIN. — « Vous auriez dû m'appeler plus tôt.

LA MÈRE. — Je croyais que cela allait se passer; Mme X... a eu son enfant malade de la même manière. elle l'a guéri en le soignant avec des scutets.

LE MÉDECIN. — Elle a donc fait des études médicales.

MADAME. — Oh non! mais sa mère avait l'*inspiration* qu'elle lui a transmise en mourant (*sic*).

LE MÉDECIN. — Votre enfant est très malade, il a une bronchite capillaire.

LA MÈRE. — Mon Dieu... mon Dieu (elle se mit à fondre en larmes) je l'ai tué! mon pauvre enfant!

LE MÉDECIN. — Il y a encore une lueur d'espoir. Vite le vomitif que je vais prescrire, puis un bain tiède de dix minutes que vous refroidirez au bout de cinq minutes jusqu'à 28°. Enfin une potion à l'acétate d'ammoniaque et un second bain à neuf heures du soir, vingt-cinq ventouses sèches, trois fois par jour, etc., etc. »

La mère suivit énergiquement, point pour point, les prescriptions et l'enfant fut sauvé.

N'allez plus lui parler de *scutel*; elle vous arracherait les yeux... avec quelque raison.

Le bain est à la santé de l'enfant ce que le repos de la nuit est à la vigueur de l'esprit et du corps.

Le bain doit être tiède, 32° centigrades au moins, surtout les premiers mois.

Il doit être administré dès la venue au monde. Cinq minutes durant le premier mois, en augmentant d'une minute par mois. Par conséquent au douzième mois douze minutes, au vingtième mois, vingt minutes. On peut atteindre ainsi le sommet culminant de vingt-cinq minutes. Mais il faut se bien garder de franchir cette limite extrême, autrement de tonique le bain deviendrait débilitant.

Si l'enfant présente sur le corps ces éruptions allant de l'érythème en passant par l'eczéma, l'impétigo jusqu'au pemphigus, il faut ajouter au bain un peu de poudre d'amidon, de bicarbonate de soude, de gros sel de cuisine.

Ces éruptions sont dues soit à une alimentation mauvaise, mal réglée, soit à l'évolution dentaire.

Le bain de propreté, de santé, doit être administré chaque jour le matin après avoir démaillotté l'enfant.

Après le bain, on l'essuie rapidement. on le roule dans un lange de laine et on le fourre au berceau où il s'endort généralement. Si l'enfant est agité, nerveux, criard, un second bain le soir vers neuf heures. Il s'endormira. il passera une bonne nuit et sa mère aussi.

DENTITION

L ES dents !... les dents !... quel épouvantail pour les mères ! Et à juste titre, lorsqu'on perd la tête et que l'on ignore les premiers éléments de la physiologie de l'évolution dentaire. Cependant, rien de plus facile que de traverser victorieusement cette phase si terrible en apparence. Quelques exemples :

Supposons un bébé âgé de 7 mois ; il bave, il est grognon, triste, sa face se grippe, ses chairs deviennent molles, il tette mal, par saccades en quelque sorte, demande le sein, le prend et bientôt détourne la tête, laissant de côté le mamelon turgescent. Ouvrez la bouche en lui pressant les narines, vous verrez les gencives rouges, gonflées, faire saillie sur un point. C'est la dent qui veut

sortir et ne peut vaincre le barrage gingival.
Si vous n'avez pas un médecin sous la main,
ou s'il demeure trop loin, prenez un canif à
lame très fine, chauffez-la à une lampe quel-
conque et plongez hardiment la pointe dans
le point gingival en saillie. Il s'écoule quelques gouttes de sang, et immédiatement cesse
la douleur et, partant, ses manifestations
multiples. Alors, plus de convulsions à re-
douter ; les phénomènes réflexes disparaissent
comme par enchantement.

Toutes les maladies de la dentition :
congestion cérébrale, convulsions, diarrhée,
athrepsie sont de nature réflexe ; le point de
départ est la fluxion dentaire exagérée et le
barrage gingival. Les altérations de la nutrition favorisent la pullulation des microbes de
la bouche (*muguet, sarcine, coli-bacille*) et de
l'intestin ; des toxines en quantité supérieure
à la phagocytose leucocytaire envahissent l'organisme, rendent le plasma acide et causent
les altérations appelées diarrhées vertes, les
points blancs de la langue et des parois buc-
cales dues à des champignons (l'*oïdium albi-*

cans, *leptothrix buccalis*) et autres espèces
de parasites végétaux au nombre de 27 dans
la bouche. Quel que soit le degré de ces
états morbides, le traitement supérieur, toujours vainqueur et facile à exécuter, consiste
dans les bains chauds, les cataplasmes d'ouate
épaisse (5 cent.) sur le ventre, le lait et
l'eau de Vichy. Tous les matins deux cuil-
lerées à café d'huile de ricin ou un peu de
bonne manne dissoute dans du lait laveront
l'estomac et l'intestin, feront leur toilette,
poussant devant eux le « caput mortuum »
de l'égout gastro-intestinal.

Si besoin est, trois, quatre, cinq bains par
jour, additionnés de gros sel, de 5 à plusieurs
minutes selon l'âge de l'enfant, ramèneront
bien vite le calme si désiré par les mères.

CONSIDÉRATIONS

SUR LES CAUSES DE LA DÉPOPULATION
ET LES MOYENS FACILES D'Y REMÉDIER

JE n'ai jamais lu fatras plus indigeste, plus inutile, plus faux que l'ensemble des discours prononcés, en ces dernières années, soit au Sénat, soit à la Chambre des vendus et à vendre, sur cette palpitante question.

Je ne ferai donc pas aux arguments bizarres exposés dans ces discours l'honneur de les discuter. Sur ce, j'entre dans le vif du sujet sans plus ample préambule.

Notre race a-t-elle dégénéré? Cette dégénérescence est-elle due à l'alcool, à la phtisie?

Je réponds hardiment : Non, notre race n'a pas dégénéré. Non, ce n'est pas à l'abus de l'alcool qu'il faut attribuer ce déficit de naissances. La meilleure preuve, c'est qu'il n'est pas de régions (ports de mer de Normandie et Bretagne) où l'on boive plus d'alcool et où il naisse plus d'enfants.

La consommation de Dieppe en alcool a été depuis longtemps évaluée à 25 mille litres par jour, soit plus de trois quarts de litre par habitant et par jour. Qui boit plus d'alcool sous forme de petits verres, d'apéritifs, de vin frelaté? L'ouvrier! Qui possède le plus d'enfants? L'ouvrier, lequel accomplit l'acte d'amour tout à trac et ne connaît pas ou pratique peu les douceurs énervantes de l'onanisme conjugal, de la *masturbation réciproque cum ore et lingua*. Sans la natalité ouvrière, la dépopulation serait encore plus effrayante.

Le phtisique non encore arrivé à la période de consomption fait autant d'enfants qu'un autre à sa femme ou à sa maîtresse. De même la femme phtisique conçoit aussi

fréquemment qu'une autre valide, bien portante, tant qu'elle est réglée.

L'abus de l'alcool, son usage quotidien,
même à doses en apparence modérées, la
phtisie larvée, etc., etc., causent des préju-
dices autrement graves à la population, à son
maintien élevé, mais c'est après la venue de
l'enfant. C'est à ces tares majeures que l'on
doit la mortalité infantile si énorme qui
augmente d'année en année.

Pour bien étudier une question, il faut
l'aborder de front, la pénétrer dans sa sub-
stance intime en quelque sorte et ne pas
hésiter devant la crudité — il faut, si besoin
est, mettre aux vieilles rengaines le distique
suivant :

> Le latin dans les mots brave l'honnêteté.
> Mais le lecteur français veut être respecté.

Avant le respect, le lecteur doit exiger la
vérité :

1er *Exemple.*— Voici deux nouveaux époux.
Le mari, instruit, expérimenté, qui aime sa
femme, lui tient le langage suivant le lende-

main de la première nuit : « Veux-tu, mignonne, longue lune de miel? — Certes, répond l'ex-ingénue, qui trouve ça bon, en minaudant et baissant un peu les yeux. — Hé bien, je ne te ferai pas d'enfant avant trois ans. » Bien vite, la jeune femme se rend compte du manège de son mari. Elle voit que, tant de jours par mois, il varie ses caresses, *effundens semen suum extra vas naturale.* Elle devient experte en mignardises d'amour, et lorsque le mari désire la rendre mère, alors commence cette diplomatie féminine qui consiste à n'accepter le mâle (*dentro.* disent les Espagnols) que lorsque il n'y a plus de danger.

2ᵉ *Exemple.* — La jeune femme veut conserver ses seins dans toute leur pureté marmoréenne, ses formes dans leur sveltesse robuste. Le mari ne tient pas plus que cela à augmenter ses charges. Un *modus vivendi* charnel survient entre les deux époux. L'onanisme conjugal seul, *cum manu, ore et linguâ,* procure le plaisir. Et l'on entend pareille conversation.

LE MARI RENTRANT. — Bonjour, m'amour. Tiens, tu es sortie aujourd'hui ?

LA PETITE FEMME. — Un mot de Jeanne m'a appelée auprès d'elle. Nous nous sommes mariées ensemble, tu sais. il y a cinq ans. Elle est encore enceinte, c'est le quatrième.

LE MARI. — Est-elle bête, hein !

LA PETITE FEMME. — Oh oui ! Si tu voyais ses nichons ; c'est trop laid, ça tombe, ça ballotte.

3ᵉ *Exemple.* — Mᵐᵉ X..., jeune encore, très appétissante, brûle d'imiter l'exemple d'une amie, une femme, très honnête selon Alexandre Dumas, puisqu'elle n'a qu'un amant à la fois. Avec son mari, l'amour, c'est toujours la même chose, les mêmes caresses, la même piètre extase. Elle prend donc un amant. Et comme ils veulent savourer, dans sa quintessence, ce renouveau de la lune de miel, il lui communique sa science d'alcôve au tampon d'ouate. C'est fini, voilà une malthusienne de plus.

En ces trois exemples se résument les causes vraies de la diminution des naissances, de la dépopulation en un mot. Quels remèdes prompts, énergiques, apporter à cet état de chose?

Deux seulement.

Tout candidat aux Écoles du Gouvernement, aux emplois administratifs, quels qu'ils soient, devra faire partie d'une famille de trois enfants au moins.

Une forte prime annuelle sera accordée au père de quatre enfants.

Toute jeune fille valide arrivée à l'âge de 24 ans qui ne sera pas mariée paiera à l'État un impôt spécial, dit de célibat, perçu par le percepteur.

Tout jeune homme valide âgé de 30 ans qui restera célibataire paiera de même à l'État l'impôt annuel du célibat.

Tout ménage qui, après dix ans de mariage, n'aura pas procréé au moins trois enfants paiera la moitié de l'impôt de célibat, en vertu de ce principe social, primordial, que quiconque a reçu la vie doit la transmettre. La société y gagnera ce que ce pauvre Malthus y perdra.

MORTALITÉ INFANTILE

La mortalité infantile a pour facteurs principaux :

1° L'alcoolisme du père ou de la mère, des deux souvent;

2° La phtisie du père ou de la mère, quelquefois des deux;

3° Les mauvais soins tels que : allaitement vicieux, soit parce que la mère a du mauvais lait ou de quantité insuffisante, soit parce que l'enfant, étant élevé au biberon, le lait est de quantité inférieure et les biberons non désinfectés chaque fois;

4° Alimentation mixte trop hâtive. L'enfant reçoit deux ou trois soupes par jour à six mois, voire même de la viande et du pain. Il mange en même temps et à la même table que ses parents, prend envie de tout ce qu'il voit, et, pour avoir la paix, on le lui donne. Il en résulte à bref délai une gastro-entérite avec vomissements, diarrhées vertes, invasion de l'oïdium, des sarcines et la mort à brève échéance.

5° Je devrais ajouter la syphilis. Mais de

nos jours on guérit cette maladie infectieuse
en deux ans de traitement. Ceux-là seuls pro-
créent des enfants destinés à une mort plus
ou moins prompte (gros foie, pemphigus spé-
cifique, rupia) qui n'ont pas voulu suivre les
conseils des médecins sérieux.

L'alcoolisme tue toujours le père et l'enfant ;
la syphilis ne fait mourir que les babys de ceux
qui ont été réfractaires aux bons conseils.

Quel est le mode d'action nocive de l'alcoolisme et de la phtisie des parents dans la
mortalité infantile ?

L'enfant naît avec une tare, un minimum
de résistance ; c'est un terrain, un bouillon de
culture vivant, apte à recevoir les mauvaises
semences, tous les microbes destructeurs.

Qu'une cause survienne qui diminue encore cette *minorem resistentiam* et voilà la
maladie allumée, maladie contre laquelle
lutte en vain le médecin, tant sont rapides
les progrès du mal.

Sur cent enfants nés de parents alcooliques ou phtisiques dix à peine franchis-
sent le pas de la première année.

Que faire?

Lutter contre l'alcoolisme; et c'est facile puisque tous les apéritifs, amers, etc., sont de véritables poisons, ainsi que l'Académie de médecine de Paris l'a déclaré depuis long-temps.

Je viens de parcourir l'Allemagne. Que boit-on dans les cafés et brasseries? De la bière, du vin, du café, du thé. Pour avoir une absinthe, un vermout, un amer il faut se rendre dans un établissement dit : *Distilla-tion*, presque toujours, sinon toujours, tenu par un juif.

Il faut enfin interdire la fabrication en France ou l'introduction de ces produits hypertoxiques venant de l'Allemagne, tirés de la houille, au moyen desquels on prétend faire du rhum, du cognac plus ou moins vieux, des vins de Bordeaux ou de Bour-gogne des grands crus. L'Allemagne (Leip-zig surtout) est le grand centre de fabrication de ces poisons violents, destinés à donner aux palais blasés l'illusion du goût et de l'odeur. Voici comment se fait le fameux

Cognac (*sic*) à 5 fr. 50 la caisse de 12 bouteilles rendue en Indo-Chine française. Dans un litre vous mettez 500 centimètres cubes d'alcool à 96 degrés. Cet alcool coûte 30 centimes le litre en gros. Vous ajoutez 500 grammés d'eau ordinaire, 10 grammes de thé à 2 francs les 500 grammes, quelques gouttes du fameux poison parfumé, et le tour est joué. Voilà le cognac, messieurs, mesdames..., régalez-vous.

Ce poison coûte de 3 à 4 francs la petite bouteille de 20 grammes. Une petite bouteille suffit pour 100 litres du fameux cognac.

Établissons le coût d'un litre d'eau-de-vie dite : cognac, fabriqué à Hambourg :

Alcool	15 centimes
Thé	5 —
Eau	mémoire
Poison illusion	3 centimes
Main-d'œuvre . . . ⎫	»
Étiquette, bouchon. ⎬	8
Caisse emballage. . ⎭	»
Transport	4
Total. . . .	35 centimes le litre.

La bouteille contenant seulement 70 centilitres, le poison cognac qu'elle renferme coûte 24 centimes et demi, auquel prix il faut ajouter le verre, soit 12 centimes environ.

$$24,5 + 12 = 36,5.$$

La bouteille de pseudo-cognac revient donc au fabricant à 36 centimes et demi.

En vendant la caisse de 12 bouteilles 5 fr. 5o, il gagne par bouteille 45,8 — 36,5, environ 10 centimes, soit du 3o pour 100.

Le consommateur s'empoisonne, le Hambourgeois s'enrichit et se croit très honnête homme parce qu'il ne verse pas le poison lui-même. Allez donc lutter commercialement avec de pareils bandits !

DE LA FOLIE TRANSITOIRE

APRÈS L'ACCOUCHEMENT

J'EN ai vu trois cas dans ma vie médicale déjà longue. Le dernier a trait à une jeune femme primipare, fort jolie, ma foi! Un jour d'avril un homme pénétra chez moi criant : « Docteur, docteur, ma femme va mourir, elle a vingt-cinq ans; venez... venez.... Elle a accouché il y a trois jours... elle a voulu me tuer.... » L'incohérence de ce langage me causa une telle impression que le jeune mari reprit ses esprits et me narra ce qui suit :

« Nous sommes mariés depuis quinze

mois, mariage d'amour réciproque s'il en
fut. Ma femme vient d'accoucher. Depuis un
jour et demi elle n'a pas uriné et la sage-
femme, une ignorante, ne sait pas la sonder.
elle a peur de lui faire mal. Ce matin, ma
jeune femme que j'adore s'est jetée sur moi
brandissant un coutelas et voulant me tuer.
Je me suis soustrait à sa vue ; elle est rede-
venue calme. Je suis resté une heure dehors.
Je rentre, elle me voit, redevient furieuse,
et son père, son oncle et un neveu ont eu
toutes les peines du monde à la maîtriser.
Le plus étrange, c'est que ma femme, si
douce, si réservée en paroles, tient les propos
les plus orduriers. »

Allons vite la sonder : là est peut-être la
cause de la crise. Et je songeai sur-le-champ
aux uro-toxines de l'excrétion urinaire. J'arrive, je la sonde, elle rend un litre et demi
d'une urine acajou clair, et la crise ne se
calme pas. Elle me saute au cou, veut m'em-
brasser et m'entraîner vers la couche nuptiale. Je fais entrer le mari; subitement la
scène change.

Ce n'est plus Vénus tout entière à sa proie attachée, c'est une furie les yeux hagards, la face convulsée, qui veut tuer.

Telle est la folie post-puerpérale.

Je fis entrer cette folle dans un asile spécial et j'affirmai au mari qu'avant trois mois le calme complet serait revenu avec la profonde affection qu'elle avait pour lui.

Il en fut ainsi. Aujourd'hui, après dix ans, c'est le ménage le plus uni, le plus amoureux encore, embelli par trois autres enfants.

« Mais comment ça s'est-il fait, docteur? me demande le mari à chaque rencontre.

— Demandez à Dieu, mon ami. Je n'en sais rien. »

FOLIE DE CAUSE UTÉRINE

ETTE vésanie est extrèmement commune.
Il n'y a pas de femme atteinte de maladie de matrice qui n'avoue avoir des accès
de mélancolie, d'ennui de la vie, de velléités
de suicide. Un jour je reçus la visite d'une
dame de 39 ans environ qui me parla ainsi :

« Je suis une pauvre malheureuse, qui
ayant tout ce qu'il faut pour vivre tranquille,
sans souci du lendemain, n'a pas un jour
de repos, de calme. Et cela dure depuis six
ans. Hier j'ai voulu me tuer; heureusement
mon mari est arrivé au moment où j'en-
jambais la fenêtre pour me lancer dans le

vide. Mon médecin m'a prescrit toutes les drogues possibles et impossibles. Je donne 6 à 700 francs par an au pharmacien. *Rien n'y fait rien (sic).* »

Immédiatement, je diagnostiquai *in petto* une affection de matrice. Et au milieu du flot de paroles qui s'écoulait de ses lèvres pour me peindre ses souffrances si nombreuses, si variées et si persistantes, je jetai ces mots : « Vous avez la matrice malade, madame, il faut que je vous examine sur-le-champ. »

Elle se laissa faire, et ce fut un grand bonheur pour elle. Toutes ses souffrances, sa neurasthénie, ses névralgies, etc., etc., provenaient d'une maladie de matrice. Je lui fis suivre le traitement convenable : un mieux sensible se manisfesta et, trois mois après, ce lamentable passé s'était effacé de son esprit.

Je me rappelle un autre cas ayant produit une folie transitoire si intense que le mari reçut un violent coup de couteau au-dessus du pli de l'aine.

Il s'agissait d'une jeune femme de 27 ans,

martyrisée par une sage-femme durant l'accouchement remontant à cinq mois.

A la suite de manœuvres stupides une endométrite granuleuse s'était déclarée, laquelle fut le point de départ de la folie furieuse.'

J'envoyai la malade dans un asile. On soigna sérieusement la lésion interne, et six mois après elle redevint ce qu'elle était auparavant, bonne, aimante, très active.

Et maintenant, notre tâche terminée, nous adressons tous nos vœux et remerciements à tous nos lecteurs, en les priant de suivre nos sages conseils et de recommander ce petit livre à leurs amis.

LA LEVANTINE

Il y a trois ans environ, un explorateur quelque peu médecin, voyageant, en vue de s'instruire agréablement, dans les pays et îles que baigne le Pacifique, fut étonné des effets merveilleux d'un médicament-aliment employé par les indigènes, toutes les fois qu'il s'agissait de tonifier, de reconstituer, de régénérer en quelque sorte des malades atteints d'affections arthritiques (rhumatismales ou goutteuses).

Il observa attentivement et il constata que les malades pâles, amaigris, anémiés, à la peau luisante, striée çà et là de veinules ap-

parentes, aux jambes souvent infiltrées de
sérosité œdémateuse (jambes grosses in-
formes dans lesquelles le doigt enfonce
comme dans du beurre), essoufflés à ne rien
faire, en plein état de misère physiologique,
remontaient vite le courant qui les entraî-
nait vers la fin, renaissaient en quelque
sorte à la vie au bout de deux mois de l'usage
quotidien de ce médicament-aliment.

Un brahme voulut bien lui donner quelques
renseignements à ce sujet; mais ce fut un
bonze du Laos qui lui permit de se procurer
les substances végétales constituant ce puissant restaurateur de l'économie.

Seulement le nom véritable lui parut si difficile à prononcer et à traduire en conso-
nance française qu'il préféra l'appeler, tout
simplement, *La Levantine.*

Il revint en France avec l'idée fixe de pro-
pager cette découverte. Puisque La Levantine, se dit-il, donne de tels résultats chez
les rhumatisants et les goutteux, les relève
de leur déchéance, les engraisse rapidement,
pourquoi ne pas l'essayer dans la phtisie

(fléau qui décime les populations) et la convalescence des maladies graves; pourquoi ne
pas expérimenter La Levantine toutes les
fois qu'il faut augmenter vite l'embonpoint
de bon aloi et par suite la résistance du
malade?

Dans la phtisie non arrivée à la cachexie,
les résultats furent surprenants. Il vit même
engraisser une jeune phtisique arrivée à la
troisième période, portant une grande caverne au poumon gauche et rendant en
moyenne, par jour, 130 grammes de crachats
purulents. Jamais il n'entendit mieux le tin-
tement métallique, les râles caverneux, la
sonorité spéciale de la caverne à la percussion; jamais il ne produisit plus facilement le bruit de flot purulent de la succus-
sion hippocratique que chez cette condamnée.

Chaque fois aussi que cet explorateur eut
l'occasion de soigner par La Levantine un
paludéen très débilité, un malade homme ou
femme relevant d'une maladie grave qui
l'avait affaibli et émacié, il vit le retour à la
normale s'accomplir bien plus rapidement

qu'avec l'huile de foie de morue, les glycéro-
phosphates, les arsenicaux et les vins de
toutes sortes.

Il fit part de sa découverte à des pharma-
ciens très distingués de Paris qui vont
donner à *La Levantine* toute l'extension dé-
sirable. J'ai vu quelques résultats obtenus.
Pour ce motif, j'ai cru devoir en faire mention
dans ce livre.

LE SECRET DES ORIENTALES

L E touriste qui, pour la première fois, par-
court l'Orient africain, l'Asie Mineure,
la Grèce, est ravi de la beauté des femmes
indigènes des grandes villes, Arabes et
Juives, de la fraîcheur de leur teint, de la
richesse de leur carnation, mais en même
temps il est frappé du développement souvent exagéré de leurs rondeurs naturelles.

Tel ne fut pas mon étonnement lorsque,
chargé d'une mission, je débarquai à la Gou-
lette, car je me souvins tout à coup d'avoir
lu, enfant, dans un livre intitulé : *Souvenirs
de voyage*, par Saint-Marc Girardin, la

traduction d'un chant grec moderne dont
le refrain est resté gravé dans ma mémoire :

Collines abaissez-vous, abaissez-vous,
Laissez-moi voir ma douce fiancée
S'avancer, pareille à une oie grasse
Dans la campagne.

Du costume levantin, très riche dans la
classe aisée, toujours pittoresque même chez
les pauvres, plus ou moins collant de la
ceinture aux pieds, je ne ferai pas la description très attrayante. Souvent, durant les
jours de chaleur, un simple haïk de gaze et
dentelles les voilant ; il m'est arrivé de contempler les globes fascinateurs des jeunes
Juives ou Mauresques. Alors, profitant des
facilités de toucher que procure l'étroitesse
des rues de la Tunis arabe, j'ai pu me rendre
compte, par de furtifs attouchements, de tendres pressions qui faisaient épanouir les
roses du rire sur les lascives figurines, que
leurs chairs étaient fermes, point molles et fluc-
tuantes comme, le plus souvent, les masses
adipeuses des *Boules de suif* européennes.

De là surgirent en moi le vif désir, l'ar-

dente curiosité de connaître à fond les procédés employés par ces Orientales afin d'obtenir cette riche carnation, cette adiposité
plantureuse, engageante et marmoréenne.
Après plusieurs années de questions, de re-
cherches, d'études infructueuses, j'ai pu enfin
décider une jeune Juive et une Arabe de la
Régence à me narrer le récit de leurs pratiques bien simples et à me faire connaître
les substances inoffensives, tirées du règne
végétal, dont on se sert journellement dans
les familles du Levant. Puis j'ai expérimenté
moi-même sur plusieurs jeunes filles ou
femmes et des résultats heureux ont toujours
couronné les espérances.

La durée du traitement varie selon la per-
formance souhaitée.

Lorsqu'une Juive ou Mauresque doit se
marier, sa mère procède, quelques mois
avant l'hyménée, à l'examen de son corps.
Si elle le trouve trop mignon, trop veule, à
peine agrémenté d'une simple apparence
mammaire, elle soumet sa fille à un traitement qui dure de quatre à cinq mois.

Lorsqu'une jeune femme, Juive ou Mauresque, voit ses charmes se flétrir, soit à la suite des doux combats amoureux trop répétés de la lune de miel, soit après des couches fréquentes ou des maladies, elle s'empresse de procéder à l'engraissement méthodique, crainte de perdre l'affection de son mari ou de son amant.

Elle cesse le traitement quand elle est parvenue au degré désiré.

Voici les principaux effets de cet aliment spécial. L'un des premiers est, au bout de quatre semaines, le plus souvent de quinze jours, une sensation de gonflement général cutané, de soulèvement de la peau à la région pectorale avec augmentation de l'appétit.

Bientôt une très légère démangeaison agréable, sans éruption aucune, se manifeste aux seins, qui deviennent turgescents, érectiles, et grossissent.

C'est par eux que commence toujours le développement de l'embonpoint, la fixation des éléments graisseux de bon aloi.

Une femme très maigre, mariée, aura be-

soin de cinq mois de traitement, en ayant
bien soin de ne pas trop marcher, de ne pas
veiller, d'accomplir ses devoirs conjugaux
seulement une fois par semaine, pour que
ses formes puissent égaler en rotondité, sinon
en perfection, celles de la *Vénus de Milo*.

TABLE DES MATIÈRES

55634. — Imprimerie Lahure. 9. rue de Fleurus. à Paris.

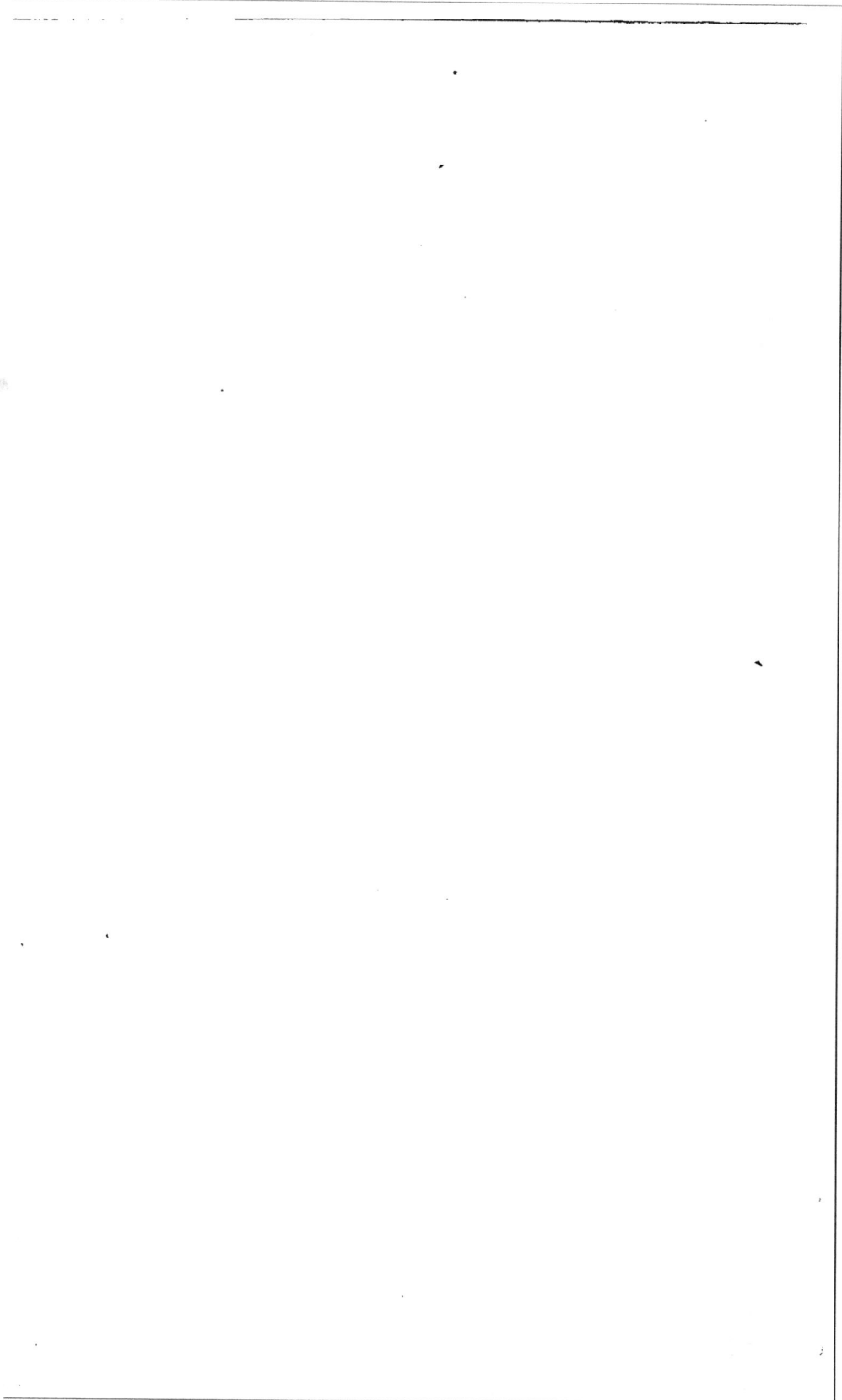

www.ingramcontent.com/pod-product-compliance
Lightning Source LLC
Chambersburg PA
CBHW072344200326
41519CB00015B/3655